愛上米食

從認識稻米到做出美味米食料理

台灣觀光學院副教授
何金源◎著

吳科論、石靖瑋、謝陞耀◎協助製作

自序

廚師生涯與貴人

　　有幸在這一年代算是最夯、最熱門的「廚師」行業佔有一席之地，真的要感謝引領入行的表哥李清池先生，以及時時受他照顧的親弟弟何建彬先生。

　　話說六〇年代（民國五十五年），台灣經濟困頓、民生凋敝、物資缺乏，那一年夏天，表哥帶著女朋友，從繁華的都市「台北」來到故鄉苗栗苑裡探親遊玩。表哥與女友共騎一輛腳踏車，也來大舅舅（我父親）所種植約四分地的芭樂園採芭樂，太陽很大，天氣很熱，他們採得很高興，也採得滿頭大汗，到芭樂園裏的草寮（堆放農具兼看顧農作物──經常被偷採──及遮陽休息用）稍作休息。鄉下地方並無飲品好招待，我只用粗碗倒了白開水招待解渴，表哥很高興，閒話家常後問了我說：「還要不要升學繼續念書？」我回答說：「很想繼續讀書，但是家境不好，不忍父母親再為我操勞。」（我很感激、感恩，當時環境那麼不好，父母親還讓我每天通勤到四十公里外的竹南中興商工初級商科念書，每個月多花將近一百元的火車月票通勤費。）表哥說：「如果不想升學，要不要上台北，和表哥一樣學做點心？」我當時並不清楚地瞭解「點心」是什麼，只想能賺錢寄回家，多少減輕父母的負擔。兄弟姊妹共六個，我是第一個出外謀生的。於是我說：「好啊！」就這樣，表哥要了地址，返回台北去。

　　初中畢業那年，暑假過沒幾天，我接到表哥從台北捎來的喜訊，要我於某月某日，搭早班平快火車，在台北火車站下車，他會在候車室等我（當時從枋寮開往基隆經海線的平快火車，車上有免費、現沖泡的茶水服務，此項服務已成絕響）。

　　就這樣開啟了我人生的旅程。於旅途中，我跌跌撞撞、戰戰兢兢，以非常敬業的精神一路走來，至今不曾有厭累過（因熱愛這份工作）。雖然換了好幾個老闆，「遲到」這兩個字從未在人生旅途中出現（當兵前我不曾有過一支手錶或鬧鐘）。就因為很敬業，還在西門町的浙寧天福樓菜館，締造了四進四出的紀錄：第一次是當點心助手，第二次才當點心頭手，後兩次都是回去救援。前後在天福樓的時間將近十二年！

學徒工作做了兩年多，有一天，在紡織廠當學徒的二弟來找我，說他不想學紡織，想要做和我一樣的工作──「做點心」。我就將他介紹到當時全省首屈一指的上海點心館，店名就叫「三六九」三個字。當一般餐館學徒真的很辛苦，更何況是三六九的學徒（老闆講求品質，麵條自己壓製，湯圓粉糰自己磨粉，幾乎都是一貫作業，現在這種景象不可復見），難怪二弟在此練就一身好功夫，不但速度快，技術更是了得（辛苦是有代價的，先犧牲享受，才能享受犧牲），在點心界無人不知、名聲響亮的「阿彬師傅」何建彬。雖然他入門的第一份工作是我介紹引進，但是後來他卻是我旅途的貴人；於旅途中的後段累（轉）進大多經由二弟媒介，包括現在的教職，可見他的人脈廣泛。

　　真的很真心感激、感恩表哥及二弟兩位大貴人，除了業界經驗外，更有於教學中逼迫我增進知識或技術（教學相長）的機會，才會有這一本書問世。

　　此外，感謝葉子出版公司閻總編輯帶領攝影及編輯團隊，千里迢迢來到花蓮壽豐進行拍攝，及吳科論、石靖瑋、謝陞耀三位老師協助製作，以及陳鵬仁、陳力維、張郁菁、徐嘉蓮四位同學協助備料，才能順利完成這本《愛上米食》的著作。

融貫今昔的米食食譜

　　中式點心的材料配方（配比），於早期（六〇年代）並無制式配方，不像西式烘焙有固定制式配方可以遵循。當年的老師傅在教徒弟時，都說只要多做、累積經驗，火候夠了自然就會，一切都憑感覺（或手感），現在還有很多師傅遵循古法，一樣說，只要多做、累積經驗，自然就會，當學徒的只好自己摸索，運氣好碰到好師傅拉你一把，就能很快上手；運氣不好，於過程中遇到關鍵點，老師傅還刻意把你遣開不讓你看到（這種師傅畢竟是少數）。

　　雖說現在有了配方，照著配方與做法說明去做，也不一定做得很成功，基本概念（原則）與經驗以及信心都是很重要的。為了讓對米食點心有興趣的朋友有信心，在書中的每一大項或每一道點心，總是苦口婆心地叮嚀要注意哪些地方，或不可怎樣！有了這一本書，期許想嘗試製作米食點心的朋友，不再因為畏懼失敗而卻步。

何金源 謹識

目　錄
Contents

主食類 35

點心類——平民點心 65

點心類——宴客點心 89

點心類——各色茶點 113

台灣小吃類 137

伴隨成長的濃郁米香

隨著季節的更替變換，台灣農村景色也同步換上當季的美麗衣裳。穀雨春雷響後，農人們忙碌起來，從翻土、整地、灌溉、插秧，約莫十天，就把大地穿上春綠的衣裳。緊接著一個月內，需有兩次抄草（台語），雙手雙腳跪趴於稻田，一面前進，看到雜草需拔除，並將雜草壓於泥地裏，一面用雙手手指，將秧苗附近的泥土抓鬆，以利吸收養分。沒多久稻株鼓起了穀包，再過沒多久，穀包成熟裂開，稻穗探出頭來，穿著小白花，此時微風是最好的，最怕遇到颱大風，穗花還沒完成授粉就被風雨

稻穗成熟（飽穗）

打落，白忙一場。隨著時間慢移，稻穗成熟，每株都低垂著頭（俗稱飽穗），一直到完全成熟，遠遠望去一片金黃色。

早期收割全靠人工，割稻班最少八人一班，由二至四人用專用鐮刀割稻，再由二至四人雙手捧緊割好的稻子，一腳踩地，另一腳踩打穀機，一大把一大把稻子捧轉幾下，穀粒就打得精光。打穀機後端，一人負責用粗篩網過濾剛打出的稻穀，分裝於麻布袋，另一人負責捆扱（於接近稻草尾端綑綁成一小捆的草捆），並讓草捆站立曬太陽。曬乾後收至另一空地整齊群放一堆（鄉下人稱草群），作為翻修屋頂或打草繩、打草鞋（人或牛）用，或作為寒冬牛隻的乾糧，及窮困人家鋪在

打穀機

草蓆下方來禦寒，鋪於禽畜寮舍地上當成禽畜臥床。

　　稻子用麻布袋裝好後，就用牛車載往自家曬穀場。約五天前用牛糞（須提前收集）加水攪稀塗在曬穀場上，用掃帚掃平後曬乾，曬穀場不能全平坦，必須是一處或多處稍微隆起，隆起地方可避免夜間下雨時稻穀泡到水。家中婦女及小孩，用穀耙把一袋袋倒在曬穀場的稻穀，耙成一股股長條，間距約一公尺，這樣子曬太陽，15～20分鐘用穀耙翻一次。人手不足時得請人，運氣好遇到大太陽，曬個3～4天就可入倉或繳庫（農會收購），運氣不好會遇到午後雷陣雨（西北雨），有可能曬一星期。資訊不發達的從前，農人稍遇有黑雲遮陽就趕快收，太陽下山前，由三人合力，麻繩索綁在拖穀耙兩端，兩人在前拉繩，後面一人掌控拖穀耙，把稻穀往隆起地方堆成小山，再由下往上，一層層覆蓋捆好的稻草，農村曬稻穀場景快要看不到了。一粥一飯，當思來處不易，必須體認農人們的辛苦。

　　四、五年級生的鄉下農村，小孩子們要幫忙農務，學齡前都已學會割草、採豬菜來餵禽畜，學齡後放學總是快快回家幫忙，星期日雖說休假，還是從日出忙到日落，所以一年到頭，偶爾有爆米香業者到鄉下來做生意，生意都很好。鄉下的母親也不免俗，每次也爆個一兩斤（有時還加進花生）打打牙祭，又或在寒冷的冬天夜裏炒米香（生米炒至香熟），炒熟後加入少許糖與米酒水，那真是兒時最為快樂的回憶！

　　台灣過去是以米食為主的社會，因為飲食習慣的改變，稻米的食用量日益銳減，透過種稻、插秧體驗，農會期待能夠將食用米食的觀念向下紮根，提振國產米食消費，同時讓孩子學到「盤中飧粒粒皆辛苦」。

爆米香

臺灣的米食文化

米食文化落地生根

　　中國南方人民自古以來皆以米食為主食，時空孕育之下，地處亞熱帶、中國東南方的台灣，除了原有住民以外，明朝末年鄭成功治理台灣時，移入了大量的閩南與客家人，民國三十八年中央政府遷台，也帶進了不少各省籍民眾，來自各方的移民人口，以其故鄉的特色米食，豐富了台灣的飲食文化。

　　身為亞洲主要產稻區之一，稻米可以說是我們最重要的主要食物來源。從過去到現在，台灣一直是以米為主食的地區，除了日常生活中常見的白米飯，許多節日慶典上，也會以米為材料，做成各式各樣不同形式的米食；加上各族群之間，彼此在生活習慣及文化上各有差異，因此所呈現出來的米食文化，更是豐富且多采多姿。所以米食對於我們台灣文化的貢獻不亞於任何財富。

歲時節慶的米食文化

　　不管閩南、客家、原住民或各省族群，每到逢年過節或婚喪喜慶，幾乎不約而同地以不同種類的米，製作出各式糕點，以饗人神。與米食有關的傳統節慶，包括有農曆春節、元宵節、清明節、端午節、中元節、冬至、臘月等。

春節

　　「春節」在嚴寒的冬季，從除夕夜開始，全家團聚在一起，享受一年辛勞的成果，除夕的飯要比平常多煮一些，讓飯剩餘，代表年年有餘，俗語稱「春飯」。藉著慶祝春節，一方面感恩上天的賞賜，一方面祈求未來有更美好的一年。

　　春節最重要的應景主角就是年糕了，年糕隱喻著「年年高升」的祝福含意，中國地大物博，由於地域的不同，就發展出風味不同的年糕。過年期間台灣常見

的年糕包括「蘿蔔糕」、「發糕」、「甜、鹹年糕」等，每一種年糕都有不同的材料與好口彩（吉祥話），口味也大不相同。「蘿蔔糕」又名「菜頭粿」，代表「好彩頭」，而在盛產芋頭的地區，也有用檳榔芋來代替蘿蔔，作成芋頭糕；「發糕」又名「發粿」，代表「發大財」及「事業與人丁發達」等含意。

蘿蔔糕

元宵節

「元宵節」是農曆正月十五日，又稱為「上元節」或「小過年」，代表新年假期的結束，過完元宵節就是天暖花開、要準備種植水稻的時候。

元宵最重要的傳統習俗是「吃元宵」，祈求家家都能圓滿無缺。現代人常將元宵與湯圓弄混，湯圓是用糯米粉加水揉成糰，再塞入內餡，餡料甜鹹皆可，適合水煮，但元宵的做法較費工，是將餡料切成骰子大小，放入竹篩內滾動沾附乾糯米粉，過程中必須反覆噴水裹粉，直到滾至大小適中的程度，甩動竹篩力道講究均勻，裹粉扎實元宵才好吃，除了水煮也可以油炸。

搖元宵

清明節

元宵節過後也農忙了一陣子，來到了清明節，清明節的代表米食有「艾草粿」（由於節氣進入春夏，萬物皆長，萬氣亦發，吃艾草可以避穢邪之氣），此外還有「丁仔粿」（用來敬神祭祖，祈求家丁興旺）。

艾草粿

端午節、中元節

　　時序來到了農曆的五月五日「端午節」，家家戶戶都會綁粽子，來紀念愛國詩人屈原，也敬神祭祖。

　　「中元節」時則會綁鹼粽，做芋粿巧及糕仔餅，作為祭拜祖先、祭拜諸鬼神，及普渡眾好兄弟的必備祭品。

粽子

冬至與臘八

　　「冬至」（國曆十二月二十二日或二十三日）時有吃湯圓的習俗（又稱：冬節圓），象徵「添歲」、「團圓」。臘八（農曆十二月初八）則要吃臘八粥，祈求來年四季平安、好豐收。

臘八粥

生命歷程的米食文化

　　在人的一生中亦有許多重要時刻，會以米食來慶祝或紀念。例如嬰兒出生後或滿月時，要以「麻油雞酒」及「油飯」祭祖並贈送親友；及長結婚時要吃新娘圓、萬事圓，在結婚當天新人送入洞房後，吃新娘圓一次要舀起兩個，象徵成雙成對、圓滿甜蜜。此外，在有些地方，當長者生辰時，會以糕粉作成壽糕以為祝壽。

油飯

米的種類與營養

米食國家

　　米是許多亞洲國家餐桌上不可缺少的主食，中國、台灣、日本、韓國，到印度、巴基斯坦、泰國、越南、緬甸等國，都是以米食為主的國家。此外，西亞、非洲、南美洲也有部分國家會食用米，只是並非主食，因此全球的稻米栽培區仍以亞洲為主。世界上吃米的國家比例高達55％，米飯堪稱地表最強的主食。面對全球糧食危機，我們實在應該好好吃飯、吃好飯，遵古外更創造米食新文化。

各種不同的米

台灣的稻米

　　其實稻米的種類多達數千種，台灣稻產大致區分為秈稻、粳稻及糯稻，秈米與粳米主要差異在外形及口感，還有直鏈澱粉與支鏈澱粉的比例（直鏈性澱粉值愈高，口感愈硬）。

台灣一年均有2期稻作，從春雷驚蟄起，一直到重陽節霜降，甚至到立冬前，台灣南端如高雄、屏東，因氣候炎熱可有3期稻作。台灣米的新鮮度遠勝日本，種植技術並駕齊驅，品質更是嚴格把關，台灣米值得台灣人驕傲。台灣許多農業專家都正積極地推動稻米品種的改良，因此稻米的品種越來越多，目前台灣市面上常見的稻米品種（包含國外進口）如下：

秈米

秈米又稱「在來米」或「本島米」，煮食後口感較偏乾硬且粒粒分明，不易吞嚥（屬於印度種）。以前鄉下種田人家、做粗工的工人或阿兵哥，食糧皆以秈米為主，因為營養高於粳米（蓬萊米），比較耐餓。秈米的特徵為外型較細長、不透明，直鏈澱粉與支鏈澱粉的平均比例為25：75，其直鏈澱粉與蛋白質含量皆高於粳米。通常生長於熱帶、亞熱帶的區域，例如中國華南地區、東南亞等地，一年可收穫2～3期。適合用來製作的料理為炒飯、米粉、粄條、米苔目、碗粿與蘿蔔糕。

全世界的稻穀種植超過八成都是秈米，台灣較知名的秈米品種為台中區農業改良場改良的品種「台中秈10號」，其外形與一般秈米相同，並保留了秈米鬆散、好消化的特質，但食用的口感則比傳統秈米更為鬆軟、更好入口。

在來米

粳米

台灣主要種植粳米，現在一般家庭所食用或餐飲業提供的白米飯均為粳米，也稱蓬萊米，鄉下人叫它為中川米，是日據時期傳過來台灣的，屬於日本種，煮食後口感較柔軟、黏膩，易於入口。粳米的特徵為外形較圓短、半透明狀，直鏈澱粉與支鏈澱粉的平均比例為20：80。通常緯度較低的地區可收穫更多次，例如日本一年可收穫1期，台灣中、北、東部一年收穫2期，台灣最南地區則一年可收穫3期。適合製作粥、米飯與壽司等料理。

蓬萊米

糙米與胚芽米

　　糙米是稻米僅磨去粗糠而已。據研究分析，糙米的膳食纖維是白米的8倍、維生素E是10.83倍、維生素B_1為7.6倍、菸鹼酸6.88倍、維生素B_6約8.5倍、鉀3.17倍、鈣2.6倍、鎂5.58倍、磷2.85倍、鐵3倍。若以結構分析，糙米由5％表皮、3％胚芽和92％胚乳所組成，但主要的營養成分卻集中在統稱為「米糠」的表皮和胚芽上。一般來說，食用只經脫殼加工的糙米，確實比精緻化加工、磨去營養素的白米更健康。

糙米

　　至於吃糙米的好處有哪些呢？第一，能增加飽足感，有利於控制體重；第二，能促進腸道健康，降低便秘、大腸憩室症與大腸癌的發生率；第三，含有豐富的維生素B群，能促進身體新陳代謝；第四，對慢性疾病患者而言，常吃糙米飯能延緩餐後血糖上升，降低高膽固醇血症，預防高血壓。糙米含有較多的膳食纖維、維生素和礦物質，比精緻化的白米保留更多營養，但患有腎病、腸胃消化功能不全，或咀嚼能力較差的老年人，應減少攝取或調整烹調方式，以免造成身體負擔。

胚芽米

　　至於胚芽米的稻穀經過脫殼處理，將糠層碾除，但保留胚芽，比白米多出一顆胚芽，所以也比白米多出較多的脂肪、蛋白質及膳食纖維。

糯米

　　糯稻又分長糯米、圓糯米及紫（黑）糯米。長糯米又稱為秈糯米，圓糯米又稱粳糯米。一樣都是糯米，不過用途和長相就有些差異。長糯米外表偏細長狀，色澤是白色但非透明，直鏈性澱粉值位於6-9之間，因此口感比粳糯米較硬些，煮起來較不會粘糊，呈顆粒狀，適合製作鹹式點心，如油飯、筒仔米糕、鹹粽子、飯糰……等鹹食；而圓糯米外表偏圓短狀，色澤白且不透明，直鏈性澱粉值在0-5之間，較適合製作甜食，例如甜米糕、鹼粽、麻糬、八寶飯、湯圓（需磨成漿）……等。

以地區來分別的話，北部的粽子用圓糯米（製作過程全程皆用蒸的），而南部則用長糯米（較硬所以耐煮），有時還會買不到圓糯米（所以圓糯比長糯貴）。兩種糯米都一樣不好消化，消化系統不好或老年人都不適合多吃，少嚐即可。

圓糯米

長糯米

紫米與黑米

紫米富含蛋白質、醣類、不飽和脂肪酸、維生素B，以及鈣、磷、鐵等礦物質，其膳食纖維可促進腸胃蠕動，並有助於抗氧化。

黑米與紫米在外觀上很像，都有黑色的麩皮，及長條狀的外型，但黑米較胖短一點。紫米與黑米都有豐富的青花素（是很好的抗氧化物質），洗米時不宜粗力搓洗，以免養分流失，而洗米的水變紫色、黑色是正常現象（兩者剝開黑白鮮明為真品，剝開米心有滲色則為假貨），兩者都是養生的聖品。

紫米

黑米

養生新星紅藜米

　　近年來，養生好食材成為桌上佳餚。被譽為「穀物之王」的紅藜，也成為養生之星。紅藜是是台灣原住民耕作百年以上的營養主食，它具有穀類中難得的美麗外表，蒸煮後香味四溢，令人難抵擋，還有讓人驚歎的營養價值，因此擁有「料理界的紅寶石」封號。

　　提到紅藜，會讓人聯想到外來品種的「藜麥」，根據屏科大的研究結果，台灣紅藜是藜麥的近親，營養價質比藜麥還高。營養師蘇妍臣表示，若是每日一碗藜麥換成紅藜，可以減少10公克澱粉，膳食纖維含量是藜麥的2倍；在鈣質方面，一碗純紅藜可補足每人一日約1/5的鈣質建議量。

　　無論是紅藜或藜麥，都經聯合國糧農組織（FAO）認證，是可滿足人體基本營養需求的食物，嬰幼兒與孕婦都能食用，推薦為適合人類的全營養食品，為全球十大健康營養食品之一。

　　食物再好，攝取時仍須適量，紅藜的碳水化合物含量較高，建議平日的澱粉量（如飯、麵）中，換入1/2～2/3的紅藜，可以控制總醣份攝取，吃進豐富的膳食纖維及營養素。因為紅藜不含麩質，麩質過敏者可將其作為穀類替代。現今，日常餐點中已見紅藜作為主角，例如紅藜沙拉、紅藜粽、紅藜飯、紅藜麵等。需要提醒的是，紅藜的鉀含量較高，對於腎臟功能不佳的人會是負擔，盡量減少食用量。

紅藜米

各式稻米的性質和用途

品名		性質			備註
		性狀	米：水	煮米技巧	
糙米		去除稻芒、米糠後所成，含大量纖維素及完整營養素，口感較硬、較差	$1:1\frac{1}{3}$	先浸泡30分鐘再煮，木桶炊煮較電鍋好	較鬆軟，可搭配1/2～1/3的白米或黃豆烹煮，營養豐富，或可做成炒飯
胚芽米		糙米再加工一次所成，去掉部分纖維質，保留胚芽部分，黏性低	$1:1\frac{1}{5}$	浸泡10分鐘再煮	可單食、炒飯或製成壽司
精白米	在來米	去除胚芽，只留胚乳部分，米粒長，含較多直鏈澱粉，黏性較低	$1:1\frac{1}{4}$	直接烹煮	較鬆散，適合炒，亦可磨成粿粉，製成米粉、碗粿、蘿蔔糕、米苔目
	蓬萊米	去除胚芽，只留胚乳部分，米粒長，支鏈澱粉含量多，黏性較在來米大些	$1:1\frac{1}{10}$	直接烹煮	一般的煮飯或壽司飯或粥品
糯米	長糯米	米粒長，外觀粉白，含較多支鏈澱粉，黏性比蓬萊米大	$1:\frac{2}{3}$	直接蒸炊	適合鹹點、油飯、粽子、米糕
	圓糯米	米粒圓短，支鏈澱粉含量多，比長糯米更具黏性	$1:\frac{1}{2}\sim\frac{2}{3}$	直接蒸炊	適合甜點，如八寶飯、桂圓粥，又可磨漿製粉做湯圓、紅龜粿、麻糬、年糕
	紅糯米	同長糯米	$1:1\frac{1}{4}$	直接蒸炊	可做甜點
	紫米（黑糯米）	同長糯米	$1:1\frac{1}{4}$	直接蒸炊	搭配部分圓糯米，製成甜點
營養米		人工加入其他營養素，如鈣、鐵，增加營養成分	$1:1\frac{1}{10}$	直接烹煮	與一般米飯無異，但有添加成分後的味道

如何挑選米

　　儘管食品的選擇愈來愈多，米飯還是國民最重要的主食。「你吃飯了嗎？」一句簡單的問候，道出米食對於國人的重要性。台灣國產米，依照產地區分，有不下數十種，另外亦有國外引進的進口米種，到底如何挑選最適切？與其挑選產地，不如挑選米質，瞭解包裝完整性、標示規範，觀看價格，並對照等級，便是良好的挑選守則。

CAS標章

　　通過台灣優良農產品CAS標章認證之米產品最有保障，雖然米產品的認證標章有各地農會自行加印的標章或有機標章等認證，但較可信的認證標章仍為台灣優良農產品CAS，各地農會標章可作為附屬參考。

CAS標章

米的等級

　　各國皆有屬於該國家的米類分類制度，台灣米類依照CNS標準作為分類依據，白米在CNS的規格分類上分為粳型、秈型、圓糯以及長糯主要四種，其中粳型及秈型分成為一等至三等，共三個等級，一等為等級中最優者，依序則為二等及三等。分級之判定依據為：內含的水分、夾雜物、稻穀、糙米以及碎粒之百分比例。米類包裝袋上所標示的幾等米，即為民眾可採行的挑選根據。

米類包裝袋上會標示出米的等級及營養成分

米的產地

　　產地時常是民眾挑選米的主要考量項目，國內米在產地區分上，有東、西部的主要區別，例如花東地區有池上或富里鄉等，西部地區則有桃園或新竹關山等地。民眾選購時，常依照個人對於產地的印象及喜好來挑選，難免會有主觀迷思，認為某個地區的米一定較優良。事實上，不同地區隨當地農地條件及耕作法的差異，會使米各有其特色，因此不論米的產地區域為何，在米的管控標準及分級標準相同下，與其特別著重考量產地，不如先以品質等級作為米的主要選購要件，再依消費喜好挑選產地。此外，稻米產區忌諱與工業區緊臨，大部分農業用水灌排不分，重金屬汙染事件層出不窮。

米的包裝

　　台灣對於米的包裝標示，依照食品安全衛生管理法第22條的產品標示規範，及農委會糧食管理辦法，必須完整標示品名、等級、產地、淨重、有效期限以及碾製日期等，選購上可以透過標示進行篩選。即使是以麻布袋等業務用大型袋裝來秤斤分裝銷售的，根據規定也須在袋裝上有完整標示，因此無論是包裝米或是散裝米，都可以從標示加以把關。

目前市售的米多為三公斤的小包裝

米的清洗與正確存放

如何清洗米

　　要吃飯或做米食點心，只要是有米粒，不管在來米、蓬萊米、糯米或各種顏色米，都要做清洗動作。洗米可是大學問，洗任何一種米都切記不要用雙手用力搓洗，過力搓洗會把表層營養洗掉。

　　把米入鍋後放水滿過米約3～5公分，用單手或雙手輕輕把米攪動，約10秒後把水倒乾，再加水重複洗一次，再倒乾，再加水到所需水量（水位）就可以烹煮。如果需要浸泡，時間超過4小時，尤其是夏天，就得放冰箱冷藏，以防發酸。

　　現今洗米僅需洗兩次，以往可能要多洗一至二次，原因是以前的米商為防長蟲，會加防蟲粉劑，近年政府為了國民健康，將此列入違法行為，有良心、有品牌的廠商便不敢違法。

洗米時用手輕輕把米攪動，不必太用力

米的正確存放

　　開封後的米，存於米缸或桶子內的傳統觀念，來自於老一輩的經驗傳承與生活習慣，然而米開封過後，隨著與空氣接觸及溫度條件，容易改變米的酸鹼度，一般白米的pH值約在7左右，擺放越久的米其pH值則會降低，雖不影響食用安全，卻可能會影響口感。

　　建議應以密封罐來存放白米，並置入冰箱內冷藏，冷藏是為了維持低溫、維持新鮮度，密封保存則能防止米中水分快速流失，更能避免冰箱內其他食材味道被米吸收，影響食用時的風味。

使用密封罐來存放白米

米食製品简介及基本處理

　　米食顧名思義，就是以各種稻米所製作出來供給人類食用的食品，包含正餐和點心。市售點心很少以粳米作主材料，粳米只是當配角，主材料大部分不是秈米就是糯米。市售米食點心可分成飯粒類、漿粉類及粿糰類和糕粉類。

飯粒類

　　圓糯米作成的飯粒點心有甜蓮藕、八寶飯、甜米糕、紅糟米糕、鹹肉粽（北部）、鹼粽、豬血糕、珍珠丸子等等。長糯米作成的飯粒點心則有油飯、筒仔米糕、鹹肉粽（南部）、糯米腸、飯糰、糯米燒賣、鹹八寶飯等。米粒熟成法方式很多，方法請參照「米粒熟成法」一節。

筒仔米糕

漿粉類

　　秈米（在來米）所磨成的粉，可做成多種糕類，例如蘿蔔糕、粄條、米苔目、碗粿、芋頭糕、南瓜糕、梔子糕等多種糕品。

　　漿粉類糕點通常不是全以在來米粉製作，必須加進少許地瓜粉、樹薯粉、太白粉、玉米粉或葛鬱金粉等其他粉類，視產品屬性而選擇。蘿蔔糕、芋頭糕、南瓜糕、鹹仔糕、碗粿等所需的水的比例，約為每項糕品所用粉的總和的2.5～3倍（隔天才切以3倍較佳），其他產品請以食譜為準。

梔子糕

粿糰類

粿糰點心包括艾草粿、菜包粿（豬籠粄）、紅龜粿、湯圓、粿粽等等。

粿糰所需的粉，大部分以糯米粉為主，部分再配以少許蓬萊粉、地瓜粉、樹薯粉或太白粉等。大部分粿糰的水的比例，約為粉的總和×0.7（冷水），而且必須取粉的總和1/20（要全糯米粉）加水調成糰，煮熟或蒸熟，再和所剩的粉及水搓揉成糰（熟糰台語叫粿婆，媒介的意思）。唯獨年糕類的粉與水的比例是1：1.1（年糕不用熟糰）。

紅龜粿

糕粉類

糕粉類產品有鬆糕、狀元糕及年節應景的糕餅。

它所需的粉一般稱為糕仔粉，而糕仔粉所用的粉，內容有糯米粉（江浙菜系稱軟粉）、蓬萊及在來粉（江浙菜系稱硬粉），其中以糯米粉為主要材料，再配以蓬萊粉或在來粉。不過這類的糕仔粉必須到專賣店（或烘焙材料行）才買得到，它是乾磨粉，不是一般雜貨店或超市所賣的水磨粉。使用糕仔粉的粉與水的比例約為1：0.25。

狀元糕

米粒熟成法

這裏將幾種米粒熟成的方法告訴大家，尤其是對要參加米食證照考試的人會有幫助。米粒熟成的方法共有四種（爆米除外）如下：

一般煮飯方法

就是幾杯米，洗淨後就加幾杯水，電鍋外鍋一杯水，待跳起，燜個十來分鐘即可；或用蒸的，蒸約25分鐘熄火，燜約10分鐘；或用火先以中（大）火煮滾攪動一下，再以小（中）火煮至水乾後，以最小火燜約3分鐘關（熄）火，再燜十來分鐘即可（火煮會有鍋巴）。

烹煮的水量

秈米煮白飯時，米跟水的比例約為1：1.1～1.3。

粳米的吸水性較低，因此烹煮時加水量較秈米少，米跟水的比例約為1：1（新米）或1：1.3（舊米）。

如果是糯米煮白飯時，米跟水的比例約為1：1.1（新米）或1：1～1.3（舊米）。

煮食米飯可加入適量的紅米、紫米、黑米或藜米，增加營養價值，但記得水需多加約1～2成。

另加有顏色的米（含五穀米、十穀米），都需再增0.1～0.5成的水。例如1/2的新米（粳米）加1/2的有顏色的米，加水的量則是1：1.2～1：1.5，因為有顏色的米都較乾硬。

如果用來做點心，米洗好後所加的水必須少2～3成，例如一般飯食本來要加500cc，用來做點心只能加約370cc左右；或用目測，一般飯食水蓋過米約1.5公分高

煮飯時要掌控好米與水的比例

（約手掌指根高度），這時，做點心的水位約是高於米0.3~0.5公分（以電鍋煮或蒸法較理想）。

使用電子鍋熟成米粒

電子鍋煮法與一般電鍋相同，只差沒有外鍋，不需加外鍋的水。一般要烹煮出好吃的飯，除了鍋具有影響，最大因素應該是加水的量，特別注意新舊米不一（如上述解說）。

浸泡熟成法

一般商家很少採用上述的煮法，大部分是以浸泡4～6小時的乾蒸法來熟成。將所要用的米洗淨後，用水浸泡4（夏）~6（冬）小時後（或更久一些），把水濾乾後倒入蒸籠（須舖飯巾或蒸布），以大火蒸約30分鐘即熟（趕時間可用溫水，溫度約75℃浸泡，可省約一半時間）。此法最為穩當，餐館、大飯店皆用此法，米（飯）粒粒分明，口感較Q，但是時間較長（晚上浸泡，隔天早上蒸用）。

浸泡熟成法將米先泡水再蒸熟

水煮再蒸法1

將所要用的米洗淨後，放入滾水鍋中煮約2～3分鐘撈出濾乾，再作後續處理。此法洗米時間（速度）及煮米火力和時間須拿捏準確，每一環節都會影響米飯的Q度，所以較少人用。

水煮再蒸法是將米先煮後蒸，較節省時間

水煮再蒸法2

　　將所要用的米快速洗淨濾乾備用，把配料加調味料炒香後撈出部分配料，再加和米相同重量的水（例如米是1公斤，所加的水也要1公斤），以中小火煮至水收乾，再作後續處理。此法洗米須快速，因為洗米時間越長，米粒吸水越多，就會影響口感和Q度。這一方法最為快速方便，檢定考照用此法可以縮短時間。

選用安全鍋具

　　鋁製品常用會有導致老人癡呆、失智疑慮，因此不建議使用，較好鍋具應屬純不鏽鋼（304以上）的鍋具，其他如鍍有塗層的，如鐵氟龍……等的鍋具次之（雖然往往很好用）。

米食的品嚐、保存與再加熱

　　大多數米食製品都是趁熱吃最好吃，比如湯圓、粥品、粿皮類的點心，這類點心可以冷凍保存。有些米食製品則需要冷卻，而且隔天再切、再煎（或蒸）會較好吃，比如蘿蔔糕、芋頭糕、南瓜糕，而這類點心只能放冷藏保存，放入冷凍就毀了。

　　另外還有一些，則是待冷卻後放冷藏冰涼，即可切食，比如鹹仔粿、桂花糕、抹茶紅豆糕，平常要放冷藏保存，不可以冷凍。

　　任何冷藏食物放冰箱時一定要包裹好（冷凍亦是），冷藏的保存期約5天，冷凍約1個月。

常用配料準備

常用甜餡心的作法

紅豆餡

1. 紅豆洗淨後浸泡4～6小時（夏天最好放冰塊或置入冰箱冷藏）。洗的過程順便挑去不良品及過濾細砂石。
2. 將紅豆及浸紅豆的水放入鍋中，大火煮開後以中小火續煮約30～50分鐘（煮時水需高過豆面約8公分），見紅豆已全開花，再煮2分鐘熄火，小心倒入濾袋將水濾（脫）乾。

紅豆餡

3. 鍋熱潤油後，加入全部的油、濾乾的豆沙和全部的糖（紅豆、糖、油的比例早期是1：1：1，現代人注重養生，糖油量減少，約為1：0.8：0.6），以中大火炒拌，中途不可稍停，否則就會有臭乾煙味冒出，一直炒至水稍乾，且不黏鍋及炒瓢、外觀油亮即可離鍋（硬度要比使用時軟一些，因完全冷卻後會再硬一些些）。
4. 完全冷卻後（約需10小時）裝入保鮮盒或用保鮮膜包好，過程中只要不碰一點生水，放室溫可存放3個月以上。

小叮嚀

1. 油可用炸過的老油，會比較香。
2. 現在的豆沙大部分皆不去皮（外殼）。如需去皮，時間最少要多一小時以上（因要洗沙，把殼沙分離），炒出來的量約少1/5～1/4。

27

綠豆沙（白豆沙）

1. 和紅豆餡作法類似，只是炒的時候不加油，以不沾鍋來炒。
2. 市售有去殼綠豆，可省去很多製作過程與時間。

綠豆沙（白豆沙）

棗泥餡

1. 乾紅棗洗淨加水蒸熟（時間約四十分鐘），取出把水瀝去（紅棗水可食用不要浪費）。
2. 去紅棗皮及棗核。
3. 鍋熱放油及棗肉和糖，以中小火炒至水乾，成為黏稠狀（炒至快乾時可放少許澱粉）。紅棗肉、糖、油比例是10：2：3（棗子本身有果糖）。

棗泥餡

小叮嚀

1. 製作的量不多時，可用小刀一粒一粒地把皮跟核去掉。營業用量大時，可用竹篩網，手套上布手套，把棗肉像洗豆沙一樣洗出，把棗泥水用濾袋濾乾（可置入脫水機脫水較快）。
2. 炒棗泥時間要更久，因棗泥含水量較高。

蓮蓉

1. 去心乾蓮子快速洗淨，加水五倍蒸至熟爛，時間約四十分鐘。如買到沒去心的蓮子，須一顆一顆挑開把心去掉。

蓮蓉

2.濾去水分，用細鋼絲篩網、木匙或手戴布手套壓出蓮蓉。

3.鍋熱放進花生油及蓮蓉和糖，中小火炒至水乾，成為黏稠狀，蓮蓉、糖、油比例是3：2：1（蓮子是以乾的量計算）。

芝麻餡

1.黑（白）芝麻洗淨濾出砂石後濾乾。

2.鍋熱小火，芝麻炒至芝麻卜卜有聲、顏色開始轉金黃色，便熄火攤開放涼（先以白芝麻測時間）。

3.芝麻放入夾鏈袋（須留空間），以木棍或玻璃瓶壓碎（量大時可用調理機絞碎）。

4.芝麻餡的比例是：芝麻粉、糖、油（固體油）5：4：3（視個人的喜好可調整比例）。

芝麻餡

小叮嚀

1.芝麻碾成粉後，大約兩天就聞不到香氣了，所以需趕快拌成餡。

2.現在市面有售炒熟的黑、白芝麻。

芋頭餡（地瓜餡）

1.芋頭（地瓜）去皮切片，用漏盆（盤）蒸熟，趁熱搗爛（量多時用料理機絞爛）。

2.鍋熱放油，放入芋頭泥（地瓜泥）再放糖，以中小火炒至水乾，成為黏稠狀，芋頭、糖、油比例是3：2：1（地瓜較有甜性，糖可少放）。

芋頭餡

蜜製豆類

蜜製豆類

材料

粗白糖500克

香草片1片（或香草夾1/2夾）

太白粉（或玉米、地瓜、樹薯、糯米粉）30克

紅豆（或綠豆、花豆、白扁豆、花生平）600克

水2000cc

器具

壓力鍋1個

做法

1. 煮任何一種豆類或花生平，把豆子或花生平洗淨後和水一起入鍋，蓋子蓋緊，開大火。

2. 煮滾約3分鐘後轉小火（汽笛會響為原則），續煮約5分鐘熄火，燜約10分鐘，再開火續煮5分鐘熄火，燜約10 分鐘。

3. 開蓋，放入一片香草片及粗白糖。

4. 開中小火煮至糖融化。

5. 以太白粉水勾芡（從放糖至勾芡都須以長柄杓上下攪動，以防黏鍋）。

小叮嚀

1. 煮花生平（製作過程較為乾燥所以很硬）或白扁豆的時間需增約1/5。煮綠豆的時間需減約1/3。

2. 糖量視個人喜好的甜度增減之，可以冰糖、煉乳、紅（黑）糖代替。

3. 加煉奶時糖量需減少。

鹹餡料如何調製才好吃

鹹的餡料最常見就是葷食的肉餡，包含豬、雞、鴨、魚、牛、羊……，和淨素的素食餡及花素餡料。葷食的肉餡又分絞粗粒（包子用）肉餡、一般肉餡（餃子用）及細肉餡（餛飩用）三種粗細，也就是以產品來決定是要絞粗或細的肉，不能粗細混用。絞肉機機種（廠牌）很多，決定粗細的絞肉網孔有的是四片，有的是五片。不管幾片，絞出來的肉如果不夠細，可以重絞（當然也可以手工切或剁）。

為了讓肉餡美味可口，除了基本的調味料不可少（鹽、糖、胡椒粉、醬油、香油）、放對量外，還有薑（可切末、打汁或磨泥）、蔥花（洋蔥丁）及料理酒這三樣缺一不可。為何呢？因為只要是肉類，加了它，肉的腥味就減到最低（牛、羊肉更要另加蒜仁、花椒及各家私房香料配方）。還有最重要的一樣也非放不可的東西，就是蛋清（或全蛋）或太白粉，少了這一樣，絞肉吃起來就感覺澀澀的而不滑嫩。為了讓新學者減少放調味料的摸索時間，以下的配比可共參考：

絞肉5台斤（3公斤）
粉狀四樣：鹽30克、味精（或香菇粉）30克、
　　　　　糖15～30公克、胡椒粉8～12公克
　　　　　（兩大匙）
液狀四樣：水少許（或不加）、醬油40～60克
　　　　　（3～4大匙）、香油30克、料理酒
　　　　　30cc

這裏所寫的絞肉最好是買五花肉尾端來絞。因為整隻豬以絞肉來講，是五花肉尾端最為好吃。如

炒好的鹹餡料

絞肉機網孔大小決定了絞肉的粗細

絞好的絞肉

豬五花肉尾端

31

果量大沒有那麼多五花肉尾，就買整大塊五花肉（約九公斤），再加三公斤後腿瘦肉或胛心肉一起絞。一般店家是用7：3或6：4的瘦肥比來調配絞肉，這樣可降低成本約1/3至1/2。

如果有加其他配料，須注意有鹹味（如蘿蔔乾、榨菜）的食材，再考慮沒有味道的配料，來決定鹽的份量（例如：水餃餡就會加進很多蔬菜）。

淨素食餡及花素餡料所加調味料，和葷食大致一樣，但糖須加倍，不加水及料理酒，醬油改素蠔油或油膏，其他調味料不變。

這裏所寫的味精是傳統的早期粗味精，它的作用就和鹽巴一樣，適量就能提味，不宜過多。國人（尤其外國人）已有味精恐懼症，在餐館常聽到客人點菜時說不要加味精。要完全不吃到味精只有自製香菇粉。

自製香菇粉

自製香菇粉方法有二種：

一、乾鈕菇（小朵香菇，蒂頭部要去掉）加少許鹽，用果汁機（不可有水）打成粉（圖1）。

二、乾鈕菇（小朵香菇）快速洗淨，加入約1/3量的昆布香菇醬油（例如香菇200克，昆布香菇醬油就是67克），如圖2。香菇完全吸乾醬油後，烘乾或炒乾至香菇原來重量（頂多不要超過5/1000，例如香菇1000克加醬油約333克，炒乾後的重量約是1005克），如圖3。放涼後再用果汁機打成粉（有磨粉機更好），如圖4。

壽司米飯煮法

材料

壽司米	1000克
水	800cc
味醂	50克
糯米醋	70克
糖	50克

器具

煮飯巾1條（鍋具有煮飯巾很理想，煮好全部提起，倒出時又不易沾粘）

長木匙或飯匙1支

做法

1.米洗淨（勿搓）後加水浸泡約30分鐘，放入電鍋1跳煮熟。

2.味醂、糯米醋、糖放入鍋中，用小火將糖溶化（勿滾）後放涼。

3.米飯熟後倒入盆中，趁熱加入醋水拌勻即可。

小叮嚀

1.米可浸泡約4小時後用乾蒸法。

2.拌醋水時只能以切、翻拌法，不可壓，最好用木桶。

3.拌時用風扇吹涼，或在冷氣房裏拌。

主食類

酥皮蘑菇炒飯

酥皮蘑菇炒飯接近西式口味，配料可隨興變換，不覺得突兀就好，會做酥油皮點心者可自行製作酥皮。偶爾變換口味，對吃而言是幸福的。

酥皮	4片	調味料	
蘑菇	75～80克	鹽	1/2茶匙
青豆仁	50克	黑胡椒粉	1~2茶匙
罐頭玉米粒	50克	太白粉	1~2茶匙
白飯	150克	香油	1大匙
九層塔	10克		
薑末	1茶匙	器具	
香菜	少許	30×30公分錫箔紙	1張
油	1大匙		

事前處理

1. 九層塔洗淨。
2. 蘑菇洗淨切片。
3. 太白粉加少許水調勻備用。

做法

1 起油鍋,薑末爆香後,加入蘑菇片炒至半熟,再加進青豆仁、玉米粒炒勻。

2 再加入白飯、九層塔及鹽、黑胡椒粉炒熟(過程中視情況加少許水)。

3 加香油抄勻,並用少許太白粉水勾芡,最後加香菜拌勻。

4 將酥皮放在桌面,舀入適量炒好的餡料。

5 先把酥皮對角壓黏住,再壓黏邊緣。

6 放進舖好錫箔紙的烤盤上。

7 烤箱預熱後,以上下火各230℃,烤約5～7分鐘,見表面上色即可。

小秘訣

1. 罐頭玉米粒改成新鮮玉米粒亦可。
2. 黑胡椒粉可改成咖哩粉,即變成咖哩口味。
3. 放入烤箱前,酥皮表面可塗上蛋液及撒上白芝麻。

皮蛋滷肉飯

滷肉飯是台灣小吃之一，甚獲國人及觀光客的喜愛。
在滷肉中加入皮蛋丁後，更豐富了滷肉的風味及營養。

材料

米飯

蓬萊米	600克
檸檬汁	1/2粒
沙拉油	1茶匙
水	550cc

滷肉

粗絞肉	200克
紅蔥頭	30克
薑	10克
蒜仁	10克
乾香菇	30克
皮蛋	1~2粒
沙拉油	1大匙
水	300cc

裝飾

香菜	幾片
紅辣椒	適量

調味料

醬油	3大匙
冰糖	5克
胡椒粉	適量
鹽、香菇粉	各1/2茶匙
米酒	2大匙
五香粉	1/4茶匙
八角、桂枝、甘草、茴香	各少許（可用布袋裝）
香油	數滴

事前處理

1. 蓬萊米洗淨瀝乾。
2. 香菇泡軟切丁。
3. 皮蛋冷水入鍋煮8分鐘,放涼去殼切丁。
4. 紅蔥頭切片,洋蔥切絲,薑、蒜仁拍碎,紅辣椒切圈。

做法

1. 洗淨的米加水550cc、檸檬汁、油攪拌。
2. 將米蒸熟(或煮熟)(用煮的方式水約再加75cc,會蒸發)。
3. 鍋熱加沙拉油,放入紅蔥頭、薑、蒜仁爆香後撈除。
4. 下香菇丁炒香,轉小火。
5. 醬油從鍋邊淋下,加入冰糖,炒至有醬油香味、冰糖化掉。
6. 加絞肉、皮蛋丁、水300cc和其餘調味料(香油除外)煮開。
7. 慢火煮至肉軟爛,呈深褐色且有香濃肉燥味,再滴上幾滴香油即成。
8. 飯盛入碗裏,淋上滷肉,加幾片香菜、紅辣椒圈即可。

小秘訣

1. 賣滷肉飯商家大部分用陶缸裝滷肉,滷肉及滷汁打烊時留少許下來,完全煮開,隔天再加新品,陶缸長年不洗,才能越滷越香。
2. 也可滷大片五花肉(但不要太肥)。
3. 滷肉時感覺肉還未軟爛且水不夠時,可適時適量加入水,以防乾鍋。
4. 喜食滷肉飯者,滷肉一次的量可多滷一些,放涼後分裝放冰箱。
5. 可加約肉量1/3的豬皮汆燙刮洗乾淨,切成粗丁一起滷,增加口感及營養(好膠原蛋白來源之一)。

飯粒類
6人份

地瓜小米粥

地瓜小米粥配小菜是漢民族的無上養生早餐。小米含有鐵、胡蘿蔔素、維生素B$_1$、B$_{12}$，營養豐富，睡前食用小米粥，有助入睡。地瓜含高纖維素、鉀、維生素A及C，可預防高血壓、保護視力、改善便秘。

小米	100克
碎玉米（可用罐頭玉米剁碎代替）	50克
蓬萊米	100克
未去皮地瓜	300克
玉米粉、糯米粉	各30克
水	3000cc

事前處理

1. 小米、蓬萊米洗淨。
2. 碎玉米泡熱水約15分鐘，瀝乾備用。
3. 地瓜去皮剁小塊。
4. 玉米粉及糯米粉混合後加水60cc調勻備用。

做法

1 水3000cc燒開後放入地瓜塊、碎玉米、蓬萊米，先煮約25分鐘。

2 再放入小米續煮8分鐘。

3 所有材料夠爛時可關火，視濃稠度加入少許玉米粉及糯米粉水勾芡。

4 調整至自己喜歡的稠度即可盛碗食用。

小秘訣

1. 可自行調味成甜或鹹。
2. 碎玉米是增色用，不放也可以，改成新鮮玉米粒或罐頭玉米粒更好吃。
3. 地瓜連皮一起吃更好。大部分人體質偏酸性，地瓜皮屬鹼性，所以能幫助人體調整為鹼性或弱酸性。

飯粒類
4人份

簡易壽司

壽司美食料理讓人聯想到日式料理。一般日式料理皆有壽司，它不但是美食，也是藝術。在開放式廚房常可看到壽司師傅有條不紊地做出各式各樣不同口味的壽司。壽司講求的是衛生、營養、美觀、和諧。品嚐者是以放鬆、喜悅、自在的心情去品嚐這如藝術般的美食。與時俱進，各菜系相互融合，此簡易壽司算是台版的壽司。

材料

海苔	4張	壽司飯800克（做法參見p.33）	
小支綠蘆筍	6～8根	醋水　少許（做法參見p.33）	
醃漬黃蘿蔔	1條		
紅蘿蔔	1條	**器具**	
豆稷（紅條絲狀）	75克	竹簾	
苜蓿芽	40克	保鮮膜	
素香鬆	40克	乳膠（或手扒雞）手套	

事前處理

1. 蘆筍去老皮燙熟。
2. 黃、紅蘿蔔切條煮熟。
3. 苜蓿芽過水濾乾。

做法

1. 竹簾攤平，先鋪上保鮮膜。
2. 放上一張海苔。
3. 手戴手套沾醋水，取適量壽司飯鋪在海苔上。
4. 飯的厚度約0.3～0.4公分。
5. 在鋪好的飯上，距下方邊緣4公分處，依序排入各種材料。
6. 雙手拇指和食指提起保鮮膜，往前蓋壓配料。
7. 扣緊後拉起竹簾往前捲。
8. 移開竹簾，雙手抓住兩端保鮮膜搓緊。
9. 每條切8～10塊擺盤。

小秘訣

1. 素香鬆可改成魚鬆或肉鬆。
2. 綠蘆筍可改成現醃小黃瓜。
3. 紅蘿蔔可改成紅地瓜（要煮熟）。

彩虹壽司

壽司種類繁多，壽司因不同的食材會有不一樣的變化，壽司除了米飯要好吃，糖醋水的比例（糖：醋是1：1）也非常重要。小火把糖融化，盡可能不要煮滾，以免酸度不足。糖醋水也可改為味霖及水果醋。壽司可當正餐也可當點心吃，是一種健康米食，利用薑黃粉、栀子水、紅麴醬等天然食材讓米飯加入天然顏色，能促進食慾，更有益健康！

三色壽司飯（紅、白、黃）		調味料	
	各800克	淡色醬油	2茶匙
海苔	12張	素蠔油	2茶匙
玉子燒條	切4段	味醂	2茶匙
醃小黃瓜條	3條	水	50cc
乾長豆	3段		
乾胡瓜絲	3段	器具	
熟紅蘿蔔條	3條	竹捲簾	
豌豆芽	30克	保鮮膜	
三島香鬆	30克		

事前處理

1. 玉子燒條做成長方形，切4段。
2. 乾長豆及胡瓜絲洗淨泡脹。
3. 豌豆芽過水濾乾。

做法

1 乾長豆及胡瓜絲以調味料小火滷入味（約10分鐘），夾出放涼。

2 依簡易壽司做法1-4，將三色米飯分別鋪在海苔上。

3 將三種海苔片飯疊在一起，再切成約1公分條狀。

4 把每條翻倒排整齊，前後端米飯壓斜。

5 排好後，如簡易壽司將所有配料放上。

6 如簡易壽司捲好，切成8~10片，即可擺盤。

小秘訣

1. 紅色米飯在泡或蒸時加入適量紅麴醬（粉）製作。
2. 黃色米飯在蒸（或煮）好後拌入薑黃粉，或以梔子水（中藥）泡米製作而成。
3. 壽司專用糖醋水大賣場有賣。

串燒秋刀魚飯糰

平民化新米飯美食，有日式風味，飯糰米飯用壽司飯代替更為日式。

材料

秋刀魚	3尾	蒜末	1大匙
飯糰米飯	4碗（約1000克）	糖	2茶匙
醃黃蘿蔔	6片	**器具**	
生白芝麻	15克	30×30公分鋁箔紙	1張
檸檬	1/4粒	刷子	1支
沙拉油	1茶匙	包飯糰塑膠袋	1個
醃製醬料		乾淨毛巾	1條
米酒	2大匙	竹籤	3支
醬油	2大匙		

事前處理

1. 秋刀魚用剪刀剪開腹部，去除內臟，用水沖乾淨後，去頭尾剪成兩半。刀子放骨頭下方，沿路劃過去骨（細骨亦可夾除）。
2. 醃黃蘿蔔片切絲。

做法

1. 醃醬調勻，放進魚片醃製約30分鐘，取出擠乾醬汁。
2. 用竹籤插入魚片，將魚片以竹籤固定。
3. 烤盤墊鋁箔紙，放上魚串。
4. 用刷子在魚串表面刷上沙拉油。
5. 在魚串表面撒上芝麻。
6. 烤箱上下火180℃預熱，放入魚串烤10～12分鐘取出，擠上檸檬汁，除去竹籤。
7. 乾淨毛巾套上塑膠袋，放上1/3（1份）米飯鋪平，再放入1條烤好的魚及醃黃蘿蔔絲適量。
8. 利用毛巾使米飯將魚包起來，捲成飯糰即可。

小秘訣

1. 醬汁當天可重複使用。
2. 一個飯糰一條魚，如感覺魚太多，可用半條，米飯加倍，做成6個飯糰。
3. 醃黃蘿蔔絲可用醃薑片代替。

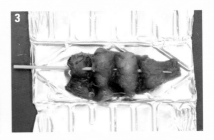

彩球飯糰

彩球飯糰用了明日葉的梗和南非葉作為材料。明日葉原產於日本八丈島,相傳是秦始皇派徐福尋找的「長生不老藥」,含有被稱為「卡爾康」的特殊成分,能抑制體內酸性物質,是日本天皇的養生秘方。南非葉能降血糖,直接生食一天勿超過2葉,也可曬乾泡茶。

48

紅糯米	200克
明日葉梗	30～40克
紅蘿蔔	30～40克
白蘿蔔	30～40克
南瓜	30～40克
葡萄乾	30～40克
南非葉	1～2葉
素香鬆	30～40克
橄欖油（或沙拉油）	1大匙

調味料

二砂糖（或紅糖）	適量
胡椒鹽	適量

器具

蒸飯布	1條
乾淨方型毛巾	1條
3斤耐熱袋	1個

事前處理

1. 紅糯米洗淨浸泡4～6小時。
2. 明日葉梗、紅蘿蔔、白蘿蔔、南瓜切丁。
3. 南非葉洗淨晾乾切段。

做法

1 將浸泡好的紅糯米蒸熟，取出放稍涼，加入調味料及少許橄欖油拌勻。

2 將各種彩蔬丁燙熟。

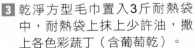

3 乾淨方型毛巾置入3斤耐熱袋中，耐熱袋上抹上少許油，撒上各色彩蔬丁（含葡萄乾）。

4 鋪上約120克的米飯，用手稍微整平。

5 再放入素香鬆及南非葉。

6 雙手就像包一般飯糰一樣將餡料包好，整形成圓形，裝入半斤耐熱袋中。

小秘訣

1. 明日葉梗可換成洋芹，南瓜可改成地瓜，葡萄乾可改成紫地瓜丁。
2. 可另加100克白長糯米、40克紅薏仁、40克綠豆（排毒好食材）。
3. 包成糰時，加入蘋果丁作內餡會更好吃。
4. 紅糯米改成部分紅藜米更棒。

黃小鴨飯糰

黃小鴨曾在台灣風行一陣子，從南到北旋風般造成觀光人潮，目前花蓮鯉魚潭還有台灣紅面番鴨讓遊客觀看。此飯糰造型必須借助玩具黃小鴨來完成，模樣討喜。

材料

飯糰

圓糯米	150克
長糯米	200克
黑糯米	20克
梔子（中藥店購買）	適量
苦茶油（或橄欖油）	1大匙

裝飾

糕仔粉	75克
細砂糖	20克
紅麴醬25克（或紅麴粉 10克）	
熱水	20cc

內餡

榨菜丁（或豆稷）	30克
碎蘿蔔乾	30克
素香鬆	40克
沙拉油	2茶匙

調味料

A：糖 1/2茶匙、胡椒粉 1/2茶匙、辣椒末 1茶匙（做鹹的拌飯用）

B：糖 50公克、油1/2茶匙（做甜的拌飯用）

器具

手扒雞手套	1雙
保鮮膜	1小段
黃小鴨膠模	1個
蒸具、蒸飯巾	1份

1. 梔子洗淨、拍破（或切開），放入鍋中，加水約700cc煮開，小火續煮約5分鐘熄火，放涼備用。
2. 長、圓糯米混勻洗淨，浸泡梔子水，4～6小時後瀝乾。黑糯米洗淨，浸泡清水4～6小時後瀝乾。
3. 蒸具中鋪上蒸飯巾，放進梔子水糯米，泡好的黑糯米汆燙過，以小碗裝，也放入蒸具中。蒸約25分鐘後熄火，用飯匙翻鬆，噴些水，開火續蒸約5分鐘後熄火。
4. 用沙拉油將榨菜丁及碎蘿蔔乾炒好備用（若用豆豉則炒蘿蔔乾即可）。

做法

1. 蒸好的黃色米飯倒入乾淨的鋼盆裏（不可有生水），拌入苦茶油及調味料A或B拌勻。
2. 糕仔粉中加入紅麴醬及糖20克，加入熱水拌勻。
3. 搓成團，外皮抹油，靜置10分鐘，再搓揉一次，外皮再抹油，大火蒸3分鐘蒸熟備用。
4. 黃小鴨膠模剪掉底部，再從尾部剪開至後腦勺，套入保鮮膜。
5. 塞進黃色米飯約3/4滿，中心凹空。
6. 填入內餡，再補滿黃色米飯，壓實。
7. 把膠模打開，將飯糰取出。
8. 保鮮膜取下，用黑米飯及紅色粿糰，做成適當比例的眼睛及嘴巴，再嵌黏至小鴨飯糰上，即完成1個黃小鴨飯糰。

憤怒鳥飯糰

飯粒類
2個

以小朋友喜歡的遊戲人物造型去製作，喜歡任何顏色或口味，
只要是天然的、健康的，都可隨興變化。

材料

飯糰

圓糯米	150克
黑糯米	30克
長糯米	200克
梔子（中藥店購買）	適量
紅麴粉	適量
苦茶油或橄欖油	1大匙
水	共350cc

裝飾

糕仔粉	75克（或糯米粉 50克、中筋麵粉 25克）
細砂糖	20克
覆盆子醬	25克
紫地瓜泥	40克
海苔片	少許
紅甜椒	1/4個

內餡

紅辣椒	1/4根
五香豆干丁	75克
毛豆仁	15克
素香鬆	40克
酸菜	50克
糖	1/2茶匙

調味料

A：鹽 1/2茶匙，胡椒粉 1/2茶
匙（做鹹的拌飯用）
B：糖 50克、油1/2茶匙（做甜
的拌飯用）

器具

3斤塑膠袋	1個
乾淨毛巾	1條
手扒雞手套	1雙
餡匙	1支

1. 梔子洗淨,拍破或切開。將其放入鍋中,加水約230cc煮開,小火續煮約5分鐘後熄火,放涼備用。
2. 長、圓糯米混勻洗淨,2/3浸泡清水,另1/3浸泡梔子水,4〜6小時後濾乾。黑糯米洗淨,浸泡清水4〜6小時後濾乾。
3. 紅辣椒切細末;酸菜洗淨切細丁;毛豆仁汆燙;紅甜椒修成2〜3束,狀如雞冠連片,並汆燙過。
4. 蒸具鋪上蒸飯巾,將浸泡好的白糯米、梔子水糯米、黑糯米(以小碗裝,加與米平的水)分別放入蒸籠,蒸約25分鐘後熄火,用飯匙翻鬆,噴些水,開火續蒸約5分鐘後熄火。

做法

1. 蒸好的黃色米飯倒入乾淨、不可有生水的鋼盆裏,拌入苦茶油及調味料A(或調味料B)拌勻。白飯則加紅麴粉拌成紅色飯(留少許白飯來製作眼睛)。
2. 細砂糖20克倒入糕仔粉拌勻,分成2份,分別加入覆盆子醬及紫地瓜泥,加適量水搓成糰,外皮抹油,靜置10分鐘後再搓揉一次,外皮再抹油,大火蒸3分鐘蒸熟備用。
3. 起油鍋,放入辣椒末拌炒,續加豆干丁稍炒,再加酸菜、1/2茶匙的糖、毛豆仁一起炒勻。
4. 毛巾套入3斤耐熱袋中,雙手抓1/2量的黃色飯鋪在耐熱袋上壓扁,再取1/2紅色飯排在外圍。
5. 舀入炒好的內餡及素香鬆。
6. 包壓成三角錐狀。
7. 貼上兩小段海苔片作眉毛,再放上兩小球白飯糰,嵌上黑糯米做眼珠,放在眉毛下方。頭上插紅椒雞冠。
8. 用紅色粿糰作嘴巴。
9. 捏一小糰紫色糕粉麵糰,搓成兩頭尖的長條,用餡匙嵌在眼睛下方,即完成一個憤怒鳥飯糰。

小秘訣

1. 餡料、顏色,只要是天然,都可以隨意配換。
2. 飯糰的糯米飯可視個人想吃鹹的或甜的,調味料A或B擇一與糯米飯拌勻。
3. 只要是簡易的卡通造型都可製作。

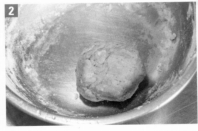

飯粒類
10粒

台式蒸肉粽

台灣肉粽有分南部粽及北部粽兩款，南部粽是以長糯米做，用水煮，北部粽是以圓糯米做，用蒸的，各有喜好者。此食譜是綜合兩種作法，吃起來也不爛也不乾硬，十分美味！

材料

米飯

長糯米	600克
水	600cc
沙拉油	60克
紅蔥頭	30克
薑	10克

配料

滷豬肉塊	300克
滷花生粒	80克
滷蛋	3粒
滷香菇	50克

調味料

醬油	2大匙
香油	2茶匙
鹽	2茶匙
香菇粉	2茶匙
白胡椒粉	2茶匙

器具

粽葉	24張
粽繩	1提

54

1. 挑選粽葉：粽葉分為麻竹葉及桂竹葉，麻竹葉帶有竹葉清香，乾燥時外觀呈現自然墨綠色，桂竹葉聞
   起來無嗆鼻臭味，乾燥時外觀有自然褐色斑點，民眾選購要分辨或聞看看有無刺鼻味。
2. 處理粽葉方式：粽葉通常都添加了具有漂白及有助延長產品保存期限功效的二氧化硫，以防止食材褐
   變，過量攝入可能會導致嘔吐、過敏，但因二氧化硫可溶於水中，消費者烹煮
   前用溫水浸泡粽葉並多次換水，可減少二氧化硫殘留，或汆燙後解開捆繩以流
   水流約半小時再稍刷洗濾乾，去除葉蒂。
3. 長糯米洗淨瀝乾。
4. 紅蔥頭切片，薑切末，滷蛋一開四。

做法

1. 起油鍋，將紅蔥頭片與薑末爆香。
2. 放醬油，待醬油出香味，放入長糯
   米及香菇粉、鹽、白胡椒粉炒勻。
3. 加水煮至水乾，水未乾時須不停以
   炒鏟拌攪，以利米粒均勻吸水（記
   得用中小火），放入香油拌勻，熄
   火。
4. 粽葉兩片頭尾相交，摺出漏斗狀。
5. 填入約粽子份量1/3的米飯。
6. 放進各種配料。
7. 再填入約粽子份量1/3的米飯。
8. 包摺成粽子四方角型狀。
9. 粽繩轉滾兩圈後綁活結。
10. 蒸鍋放半鍋水煮滾，放入粽子煮5～
    6分鐘撈出，再蒸30～35分鐘即可。

小秘訣

1. 食用時可沾甜辣醬。
2. 自炸的紅蔥頭較有香氣，改用
   油蔥酥也可以，但要等到最後
   和香油一起放。滷花生粒這時
   也可放入一起拌合。
3. 這是最快速的包粽法，適合應
   付考照檢定。
4. 包粽新手初學時，包好的數量
   會略有出入。
5. 長糯米若是當季新米，水用
   550cc即可。

湖州鹹粽

湖州粽子是在台灣很常見的粽子，台北市南門市場有很多商家在賣湖州粽。
湖州粽多半包成長條型，吃起來米粒的口感會比較糊爛，而肉餡也比較軟嫩
肥美，味道潤香而略帶點油香，就算不沾醬也入口即化，相當的美味好吃。

材料

長糯米	750克	**器具**		**調味料**	
去皮五花肉（尾端）		麻竹葉子粽葉（台		醬油	3大匙
	300克	灣貨） 20～24片		米酒	1大匙
薑片	15克	粽繩	1提	味醂	1大匙
蔥段	1～2支			鹽	1/2茶匙
沙拉油（如果想要將				糖	1茶匙
蔥薑爆香）	1大匙			胡椒粉	1～2茶匙

1. 肉洗淨，切成拇指粗條狀（或粗片狀），加入蔥、薑、調味料及少許水，抓勻醃製至隔天（需放冷藏），取出濾乾。
2. 長糯米洗淨，浸泡半小時至1小時，濾乾水分，靜置約10分鐘（讓水更乾），再用醃肉的醬汁把米拌勻，再靜置約20分鐘（途中需多次拌翻，讓米粒入味均勻）。
3. 粽葉汆燙洗淨，剪去蒂頭，直（斜）立讓葉子的水滴乾些。

做法

1 取1片葉子先對摺，靠手掌處向上摺一橫摺，高約1.5～2公分。

2 再從對摺算起約10公分處反摺成一葉槽。

3 添入約粽子容量1/3的米，放進一塊肉。

4 再添約1/3容量的米，上面覆蓋一片葉子包摺成長方對角型粽子。

5 握粽子手的拇指按住粽線，粽線須超出粽子的長度。

6 長的這端先繞兩圈。

7 往另一端繞綁到底，再繞兩圈，與餘出的線綁成活結。

8 鍋中水燒開後放入粽子（水需蓋過粽子約5公分），大火煮約15分鐘後轉中小火，續煮約80分鐘，熄火燜30分鐘，撈出即可。

小秘訣

1. 長糯米可改圓糯米。
2. 五花肉可改梅花肉或胛心瘦肉，但須加一小塊板油。
3. 粽葉可選月桃葉（生）或桂竹筍殼葉（乾），後者北部粽較常用（量可減半）。粽葉不可算得剛好，包的過程中可能會有破損。
4. 當製作的量多時，鍋底需加防沾黏的鋼絲網。

粿糰類

12 粒

粿粽

粿粽是客家米食點心之一，又稱粄粽，會做菜包粿（豬籠粄）又會綁粽子，就會綁粿粽。粿糰皮與內餡都可隨自己意思變化，包素或包葷都可以。

材料

粿體

糯米粉	300克
蓬萊米粉	100克
糖	50克
純豬油（或沙拉油）	2大匙
冷水	250cc
純豬油（或沙拉油）	1大匙（抹外皮用）

內餡

粗絞肉（或瘦肉絲）	150克
乾香菇（3大朵）	15克
開陽（蝦米）	10克
珍珠脯（碎蘿蔔乾）	50克
油蔥酥	15克
純豬油	2大匙（或30克）

調味料

A	鹽	1/4茶匙
A	香菇粉	1/2茶匙
A	糖	1/2茶匙
A	胡椒粉	1茶匙
A	醬油	2茶匙
	香油	1茶匙

器具

粽葉	24片
粽繩	1提

1. 香菇泡軟瀝乾、切丁。
2. 開陽泡軟瀝乾。
3. 碎蘿蔔乾洗淨，浸泡，每3分鐘換水一次，共3次後瀝乾。
4. 粽葉氽燙，洗淨晾（擦）乾，剪去蒂頭。

做法

1. 取糯米粉約20公克（約1大滿匙）加水14克（約1大匙）調成糰，煮熟撈出。

2. 煮熟的粉糰與剩下的兩種粉、水、糖、油2大匙，混和搓成糰，軟度如耳垂般軟。

3. 起油鍋，炒香開陽、香菇，再加入絞肉、菜脯及調味料A炒勻。

4. 最後加油蔥酥及香油，拌炒均勻，起鍋放涼即為餡料。

5. 粿糰再搓揉，均分為12粒（每粒約60公克）。

6. 小粿糰捏成杯子狀。

7. 填入餡料約30克，收口黏攏。

8. 外皮抹油。

9. 取兩片粽葉交叉，葉脈朝下，摺成漏斗狀。

10. 放入包好餡的粿糰，包成粽子，用棉繩綁好打活結。

11. 粽子放入蒸籠。蒸籠鍋內水燒開，大火蒸約10分鐘，改中火續蒸15分鐘後熄火。

小秘訣

1. 可用浸泡過的米磨成漿，脫水後取少許煮熟成粿婆，和剩餘粿脆搓揉成粿糰。
2. 蘿蔔乾買整條自己切較安全。
3. 可改全糯米粉製作（因蓬萊粉一般商店沒賣），份量也可再減少一點。
4. 記得包好的粿糰外皮要抹油，否則蒸好後會黏住葉子剝不開。
5. 冷熱食皆宜，不宜冰食。

油飯

油飯是國人常吃的米食，也常被當成生子後餽贈親友的彌月禮物。早期用大量的油（豬油）製作油飯，待製作完成把油濾乾再拿去蒸。這麼做很好吃，但已不適合現代人養生吃法，現在大家做油飯已將油量減少很多。

材料

米飯

長糯米	500克
五花肉絲	75克
香菇	12克
開陽	12克
魷魚	20克
水	500cc
香菜	1株
沙拉油（或豬油）	4大匙
油蔥酥 8克（或紅蔥頭20公克）	

調味料

A	鹽	1茶匙
	香菇粉	1茶匙
	糖	1茶匙
	胡椒粉	2茶匙
	醬油	2大匙
	香油	2茶匙

器具

乾荷葉	1/2張
8吋蒸籠	一個

事前處理

1. 長糯米洗淨瀝乾。
2. 香菇切絲，開洋泡軟，魷魚泡軟剪絲。
3. 香菜洗淨，乾荷葉氽燙洗淨。
4. 調味料A拌勻。

做法

1 起油鍋，先將香菇、開陽爆香（如用紅蔥頭時亦先爆香），並加入醬油。

2 加入肉絲、魷魚及1/3的調味料A炒熟。

3 拿出鍋內1/3的料做裝飾用。

4 加入剩下的調味料A、水、長糯米，炒至水被米吸乾。

5 最後加入油蔥酥與香油拌勻。

6 蒸籠內鋪上荷葉壓平，倒入油飯抹平。

7 將裝飾用的炒料鋪在油飯上面。

8 油飯以大火蒸35分鐘後取出，放上香菜葉裝飾。

小秘訣

1. 可改用1/3（或1/2）的圓糯米代替長糯米，口感會更Q軟。
2. 米食考場只提供紅蔥頭，記住切片要均勻，且不可過火。
3. 沒有荷葉就用大碼碗，碼碗內塗油，裝飾料先鋪底，蒸好後倒扣於瓷盤上，再以香菜裝飾。
4. 此做法洗米時間不宜過長，以免影響糯米的Q度。

炒粿仔條

炒粿仔條是在地客家美食之一，可當主食或點心，可隨意變化配料食材，煮湯或乾炒都行。

材料

粿條
在來米粉	250克
純細地瓜粉	50克
蓬萊米粉	50克
水	850cc

配料
去皮五花肉絲	100克
開陽	10克
乾香菇	10克
客家酸菜絲	100克
銀芽	50克
金針	15克
高麗菜片	120克
紅蔥頭片	20克
豬油（或沙拉油）	15克
高湯	適量
蔥花	10克

調味料
鹽	1.5茶匙
胡椒粉	1.5茶匙
米酒	2茶匙
味醂	2茶匙
香油	2茶匙

（鹽、胡椒粉、米酒、味醂標示為A）

事前處理

1. 開陽稍浸泡後濾乾。
2. 香菇泡軟切絲。
3. 金針泡脹。

做法

1 粉類（在來米粉、地瓜粉、蓬萊米粉）混勻，加水500cc 調勻，再沖入滾水350cc調勻備用。

2 熱鍋後轉小火，抹少許沙拉油，舀入1勺米漿水（分5次）。

3 盡快將米漿搖勻，烘至起小泡熟透，用夾子夾起或扣出。

4 做好的米皮相疊切粗條。

5 起油鍋，用豬油將紅蔥頭爆香至金黃後撈出。

6 加入五花肉絲，炒半熟將肉油逼出，續加開陽炒香。

7 倒入高湯，加入香菇絲、酸菜絲、金針、調味料A炒勻。

8 加米片、高麗菜、銀芽拌炒。

9 起鍋前滴入香油，盛碗，撒上蔥花即成。

小秘訣

1. 如有剩飯可把蓬萊粉改為剩飯，飯量約150克，水的量則須減掉約35cc。

2. 純細地瓜粉較難買，可換樹薯粉或太白粉。

3. 高麗菜可換其他葉菜類。綠豆芽亦可不去頭尾。

4. 生紅蔥頭可改現成油蔥酥或蒜酥。

5. 利用平底不沾鍋來製作粿仔會更好操作。

6. 粿仔亦可用蒸的，或是如做九層炊方法一層一層加上去，只是加另一層時，時間間隔稍拉長，蒸好放涼後，切條較易分開（一次蒸整模也可以，蒸好放涼再切片）。

7. 粉皮可做成多種顏色（利用菠菜汁、紅麴粉、薑黃粉、紅色火龍果汁），可刺激食慾。

點心類

[平民點心]

紅豆年糕

年糕是華人每逢春節必備的應景糕品之一，不論士、農、工、商無不希望來年比今年進步高昇。多加了紅豆，除了增加口感風味及營養外，也討個如紅豆般的吉祥如意。最常見是沾粉漿炸食，也可煎食。從前人沒有冰箱，都刨絲曬乾用甕存放，直接慢慢乾啃，味道還不錯。

材料

糯米粉	450克	紅糖	80克
細地瓜粉（樹薯粉）	50克	白糖	80克
蜜紅豆	250克	**器具**	
水	共600cc	6吋蒸糕錫箔模	2個
油	2大匙		
香蕉油	1/4小匙（3滴）		

做法

1 糯米粉與細地瓜粉（樹薯粉）混合拌勻。

2 加入水400cc、油1大匙加1小匙、香蕉油一起拌勻備用。

3 糖和水300cc一起煮溶。

4 再加入蜜紅豆拌勻。

5 蜜紅豆糖水倒入做法2中拌勻。

6 再倒入錫箔蒸模中。

7 大火蒸約18分鐘，轉中小火，續蒸20分鐘。

8 熄火後取出，表皮抹油，待涼後即可切食。

小秘訣

1. 量多增厚時，蒸的時間要延長，視厚度延長時間，只要厚度超過6公分，時間就要1小時以上。

2. 蒸好稍涼後表面要刷油以防龜裂。

3. 保存時用保鮮膜確實包好，冷藏可放約半個月。

4. 可全用紅糖或二砂。糖量可再減少，但較不易保存。

5. 不喜歡香蕉油的味道則可以不放。

6. 去掉蜜紅豆就是一般年糕。

7. 另一作法是：將粉類拌勻，水和糖一起入鍋煮融後加入蜜紅豆，蜜紅豆糖水沖入粉中，再加油與香蕉油，混合拌勻，入模蒸熟。

鹼粽

鹼粽最常見於農曆七月各種普渡場景裏，農曆七月正是一年當中最熱的月份，從初一到月底都有普渡活動在舉行，有的普渡活動可長達一星期。鹼有防腐作用，炎熱的夏天，鹼粽可在室溫存放3天以上，因此是最好的祭（供）品之一。

材料

圓糯米	600克
食用鹼粉	5克（或食用鹼油 1大匙又1茶匙）
苦茶油（或沙拉油）	3大匙
蜂蜜（或蜜稠糖水）	適量

器具

粽葉	40片
粽繩	1提（20條）

事前處理

1. 圓糯米洗淨，浸泡6～8小時，濾乾。
2. 粽葉氽燙洗淨，剪去蒂頭及尾端。

小秘訣

1. 粽葉壓摺時須預留1/3空間，成品才會Q軟，否則會太硬。
2. 加入蜜紅豆粒（或油豆沙）就成為紅豆鹼粽。
3. 一面包時一面把米翻動，鹼油才不會往下沉。
4. 黑糖醬的做法是：黑糖：水＝2：1，小火煮融即可。

做法

1 圓糯米加入鹼粉（或鹼油）拌勻，靜置約30分鐘。每隔約5分鐘翻動一次。

2 加入苦茶油拌勻，再靜置約15分鐘，每隔約5分鐘翻動一次。

3 粽葉兩片交叉，稍拉開，葉頭朝外，粗脈朝下。

4 於2/5處摺出包粽漏斗狀。

5 填入約2湯匙糯米（約整顆的3/5）。

6 約粽葉6～7公分處摺起蓋下來，左右壓下，最後摺成粽子狀。

7 用粽繩先圈兩圈，再綁活結。

8 大鍋中加2/3的水，大火煮滾後轉中火，將綁好的粽子入鍋，煮約1小時再轉小火，以能滾的程度續煮約1小時後熄火。燜泡20至30分鐘，撈出放冷冰涼。

9 食用時沾淋上蜂蜜（或黑糖醬）（亦有人沾蒜蓉油膏）。

湖州甜粽

湖州甜粽與鹹粽一樣，也是包成長條型，內餡以豆沙（或棗泥）為主，上面加一塊豬板油。煮熟或蒸熟之後，豬油融入豆沙，十分香滑適口。

材料

圓糯米	700克
紅豆粒沙	300克
蜜板油	120克

器具

麻竹葉子粽葉（台灣貨）	20～22片
粽繩	10長條

事前處理

1. 圓糯米洗淨，浸泡0.5～1小時後濾乾水分，靜置約30分鐘後，放入蒸鍋蒸熟備用。
2. 粽葉汆燙洗淨，剪去蒂頭，直（或斜）立，讓葉子水乾些。
3. 蜜板油切如小指粗條。

做法

1. 紅豆粒沙均分10等分，搓成約8公分長條。
2. 取1片葉子先對摺，靠手掌處向上摺一橫摺，高約1.5～2公分。
3. 再從對摺算起約10公分處反摺成一葉槽。
4. 手抹油抓進約1/3的糯米飯，放進一小條板油，再放一條豆沙。再抓糯米飯蓋上去，上面覆蓋一片葉子，包摺成長方對角型粽子。
5. 握粽子手的拇指按住粽線，粽線須超出約粽子的長度。
6. 長的這端先繞兩圈。
7. 往另一端繞綁到底，再繞兩圈，與餘出的線綁成活結。
8. 包好的粽子入蒸鍋中蒸60分鐘。

小秘訣

1. 粽葉沒汆燙也可以，但要浸泡約半小時再洗淨。
2. 綁繩子時不可使力綁，以防米粒崁入豆沙而不熟，以不鬆脫為原則。
3. 一般粽繩一串是10長條，從中對摺打結，成20小條。
4. 蜜板油需前一天用板油和糖以1：1蜜製，可室溫存放。
5. 米也可浸泡4～6小時後直接包粽，但米不可放太滿，可放入水中煮45分鐘，或用蒸的60分鐘。
6. 進口葉子通常比台灣自產葉子較小片，且有加防腐劑。

甜米糕

甜米糕是臺灣早期女兒嫁出後第一次回門，男方必須準備給岳家的拌手禮之一，通常女方家要求的量必須由2位壯丁抬著去。盛裝容器一是米籃，二是早期出嫁用以盛裝嫁妝的匣籃，岳家再把米糕切成小塊分送親友，現在改為回門宴的最後一道甜點。

材料

紅糯米	200克
白圓糯米	300克
桂圓肉	150克
二砂糖	85克
紅糖	75克
米酒	150cc
沙拉油	50克
熟白芝麻	50克

器具
保鮮膜（或玻璃紙）
8吋白鐵盆1個（或20×20×5
公分長方模1個）

事前處理

1. 紅糯米、白圓糯米分別洗淨，浸泡
   4～6小時後濾乾。
2. 米酒50cc加水50cc調成米酒水備用。

小秘訣

1. 除了撒上芝麻外也可加進八寶
   料，如桔餅、鳳梨乾、芒果乾、
   冬瓜糖等，增進美觀及口感。
2. 不喜酒味太重者可將酒稍減，
   水則稍減。
3. 冷、熱食皆宜。
4. 鋪底也可改成葡萄乾或蔓越莓
   乾（此兩者不用浸泡或蒸）。

做法

1. 將浸泡好的兩種糯米放入蒸鍋中蒸約25分鐘，翻動一下。
2. 噴灑少許水，續蒸5分鐘後取出。
3. 桂圓肉洗淨，用米酒水泡稍脹後濾出，米酒水留下備用。
4. 糖、油入鍋小火稍煮，再加入米酒水及100cc米酒煮開。
5. 倒入白糯米飯及紅糯米飯拌炒至水乾。
6. 放進泡過的桂圓肉（不要全放，保留一些鋪底），續拌炒至勻、
   米飯Q軟。
7. 蒸模鋪保鮮膜（或抹油），鋪上預留的桂圓肉。
8. 再將拌炒好的糯米飯倒入蒸模。
9. 用手將糯米飯按壓平整。
10. 趁熱撒上熟白芝麻，放冷即可切食。

粿糰類
15 人份

麻糬

本食譜採用鄉下的做法，加入肉桂粉，減輕食用糯米製品引起的脹氣。肉桂粉俗稱玉桂粉，氣味芳香，能散寒止痛、活血通經、降血糖、降血脂，它有一種令人喜愛的芳香、溫和、甜美的感覺，是廣受喜愛的香料。

材料

麻糬		裹粉	
糯米粉	150克	花生粉	100克
葛鬱金粉	50克	細砂糖（或糖粉）	50克
二砂糖	50克	**調味料**	
麥芽糖	50克	肉桂粉	1茶匙
沙拉油	1大匙又1茶匙	**器具**	
水	400cc	不沾深鍋	
		木鏟	

做法

1. 糯米粉和葛鬱金粉、肉桂粉混勻。
2. 加200cc水調成漿備用。
3. 鍋中加入200cc水、麥芽糖、二砂糖，開中小火煮至糖溶。
4. 糖水滾後轉小火，再慢慢加入米漿，用木匙攪動（防沾鍋）。
5. 加入沙拉油拌勻。
6. 攪動至黏稠冒泡即可熄火。
7. 花生粉、糖拌勻放在大碗或盤子裏，把做法6的粉糰移至糖粉上，放涼。
8. 將粉糰切成或剪成小塊，表面完全裹粉即可。

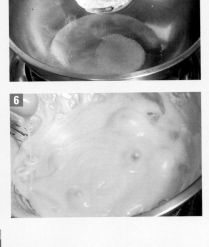

小秘訣

1. 葛鬱金粉是很好的健康食材，常吃可排宿便、塑身，但不易購買，可改用樹薯粉或太白粉取代。
2. 麻糬材料可全入鍋拌勻，開中小火攪至黏稠，轉小火續攪至熟，也是一種做法，但是香氣稍差。
3. 沾裹的粉可變化多種顏色，如南瓜粉、抹茶粉、紅麴粉、芝麻粉。

五彩紅豆小湯圓

利用你喜歡而且是天然的食材,例如紅麴醬(粉)、南瓜泥、紅蘿蔔泥、薑黃粉、紅色火龍果泥、紫地瓜泥、菠菜汁、抹茶粉、竹炭粉、墨魚醬、覆盆子醬等等,製作出各種顏色的湯圓,少一色或多一色都無妨,繽紛的色彩會促進食慾,且健康加分。

材料

湯圓		紅豆湯	
糯米粉	450克	生紅豆	200克
太白粉	50克	二砂糖	200克
樹薯粉	50克	香草粉 5克(或香草片1片)	
水	320cc	太白粉	30克
紅麴粉	3克	奶精(或鮮奶油)	50克
南瓜泥	30克	水	2500cc
抹茶粉	3克		
竹炭粉	3克		

事前處理

1. 糯米粉預留50克備用，其餘糯米粉與太白粉（50克）、樹薯粉混合。
2. 紅豆洗淨，浸泡4～6小時。
3. 太白粉（30克）加少許水調勻。

做法

1. 將洗好的紅豆加水2500cc，大火煮滾後轉小火煮至爛（紅豆皮稍開花）後熄火（過程大約需要40分鐘）。
2. 待紅豆湯降溫，加入二砂糖、香草粉、奶精煮滾。
3. 加入太白粉水勾薄芡，即可熄火備用。
4. 事先預留的50克糯米粉加水35cc，搓成糰，均分成5小塊，放入滾水中煮熟（或蒸熟）。
5. 混合好的粉也均分5等份（要搓成白色糰的粉可以稍多），每份加1小塊熟糰。
6. 其中四份分別加入顏色食材（紅麴醬、南瓜泥、抹茶粉、竹炭粉），每份再加適量的水，搓成五色粉糰。
7. 五個粉糰搓成長細條。
8. 撒上一些太白粉，再切成小粒（約4～5公克），切好後，在案板上稍微搓圓。
9. 鍋中放半鍋水煮開，放入湯圓，稍微攪動。
10. 煮至湯圓熟透膨脹，將湯圓撈入碗中，再舀入做好的紅豆湯即成。

小秘訣

1. 冷食亦可，將紅豆湯冰過，煮好的湯圓先泡在冷水裏（不是冰水，冰水會使湯圓變硬）。
2. 煮紅豆如用電鍋，外鍋需加約1杯半的水（可提前浸泡熱水約2小時會較快）。浸泡水的量，以豆的重量×2.5倍）。
3. 製作湯圓時，粉的總重量×70%就是需要的水量（含有色液體的重量）。糯米粉、太白粉、樹薯粉加一起混勻後（共500公克），想做幾種顏色就分幾等份，例如分5等份，每1份＝100公克，需要加的水是70cc，加乾粉的（如抹茶粉或竹炭粉），那麼水就是70cc；加泥狀材料的（如南瓜泥、紫地瓜泥，約30克），那麼水就是40公克。

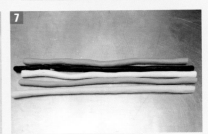

酒釀湯圓

此道菜是江浙菜系甜點之一,酒釀乃糯米經過酒麴發酵而成,它是窮人家最好的補品。

材料

湯圓
糯米粉	250克
冷水	180cc
芝麻餡	200克

湯底
全蛋	2粒
酒釀	2瓶
罐頭橘子瓣	100克
糖	150克
太白粉	少許
水	1500cc

1.芝麻餡分成20等份,置入冰箱冷凍。
2.橘子瓣捏碎(或切小段)。
3.太白粉加少許水拌勻,蛋攪散成蛋液。
　(宜在烹煮時準備)。

做法

1 糯米粉加水搓成糰,取生糰約35公克左右,放入滾水中煮熟
　(或蒸熟),再和其餘粉糰一起搓揉成軟Q狀。

2 將粉糰分成20等份,取出冷凍過的芝麻餡,也分成20等份。

3 將小粉糰搓圓,一手食指沾水,將粉糰轉捏成凹杯狀。

4 填入一粒芝麻餡,收口捏緊密合。

5 取水1500cc,加糖150克,放入捏碎的橘子瓣,再加入酒釀,
　煮開。加入太白粉水勾薄芡,倒入蛋液,煮滾即刻熄火。

6 同時另燒半鍋水,水開後把包好的湯圓放進去煮(須攪動以防
　沾鍋)。

7 待湯圓浮起(約1分鐘),撈進煮好的湯底中,即可食用。

小秘訣

1.做法1、2製作粉糰的方式,可
改為糯米粉35克加水25cc調成
糰,放入滾水中煮熟(或蒸
熟)後,再和所剩的粉和水搓
成糰。

2.可另以紫米80克,泡軟後以
果汁機打成漿(或紫地瓜60
克),再與糯米粉170公克加適
量水揉成糰,做成紫色漿糰。
粉糰作法同五彩紅豆小湯圓。

3.芝麻餡可改成豆沙餡。

彩色芋圓

芋圓是一道著名的台灣傳統甜點，尤以九份最為出名。原始只有單一顏色，後來才演變成多種顏色。調色的天然食材很多，例如紫山藥、紅地瓜、薑黃粉……既健康又營養。食用時加少許椰漿或加入些許肉桂粉，味道更棒！

材料

純細地瓜粉	300克	綠茶粉	1～2茶匙
糯米粉	200克	蜜紅豆（或蜜綠豆）	300克
熟芋頭泥	100克	太白粉	適量（手粉用）
熟南瓜泥	100克	**湯底**	
熟紫地瓜泥	200克	二砂糖（或黑糖）	200克
熟馬鈴薯泥	200克	老薑片	30克
紅麴粉	1～2茶匙	水	1500cc

做法

1 細地瓜粉和糯米粉先混合均勻。

2 熟芋頭泥、南瓜泥、紫地瓜泥趁熱各加入100克混合好的粉，搓揉成糰。馬鈴薯泥分成兩分，也趁熱各加進100克的混合粉，再分別加入紅麴粉和綠茶粉，搓揉成糰。五種粉糰靜置約30分鐘。

3 各色粉糰搓成細長條，約無名指粗細，再用麵刀切成約1公分長粒狀。

4 在芋圓上撒上少許太白粉拌勻。

5 鍋中加水及薑片，水滾後加糖，煮至糖融化熄火。

6 另一鍋中加水約六分滿，水燒開後分批加入芋圓煮熟。

7 見芋圓浮起並膨脹，即可撈入甜湯裏。

8 食用時再加進蜜紅豆即可。

粕糕（倫敦糕）

粕糕在某些觀光景點可看到它的身影，吃起來有很濃的發酵酸味，它可增強體內益菌，幫助消化。粕糕特有的酸味很多人不能接受，所以在糕體的食材中加入食用鹼水。

材料

老種

酒粕	100克
在來米粉	200克
中筋麵粉	50克
水	100cc
酵母粉	1茶匙

糕體

蓬萊米粉	250克
細砂糖	120克
泡打粉	30克
水	300cc
葡萄乾（或蔓越莓乾）	100克
食用鹼水	1～2滴

器具

粿巾	1條
（或耐熱保鮮膜 1張）	
35×25×5公分蒸模	1個

製作老種

1.果汁機內加水100cc，酒粕撕碎後置入打碎成泥。

2.將中筋麵粉和在來米粉混合。倒入酒粕，再加一茶匙酵母。

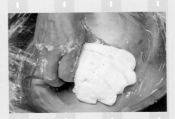
3.用手混合均勻成糰，加蓋靜置一晚。

做法

1 糕體材料的水加入食用鹼水先調勻。

2 蓬萊米粉、細砂糖、泡打粉放入鋼盆中拌勻。

3 將靜置一夜後的老種打散。

4 將做法2拌勻的粉加入老種中。

5 倒入調勻的鹼水。

6 先以慢速將粉、老種、鹼水拌勻，再快速攪拌約2分鐘。

7 蒸模鋪好粿巾（或耐熱保鮮膜），將做法6粿漿倒入，表面刮平。

8 撒上葡萄乾（或蔓越莓乾）。

9 蒸鍋加水先煮開備用，放入蒸模，開大火蒸35分鐘，熄火燜3分鐘取出，放涼再切。

小秘訣

1.若老種不會很酸，可以不加鹼水。

2.酒粕不易買，可用酒釀代替。

3.市面上賣的一般不放葡萄乾（或蔓越莓）。自己做的可隨意添加，加堅果亦不錯。

4.細砂糖改二砂糖或部分紅糖亦不錯（市售為白色）。

5.以上老種的量如要加鹼水，加1滴就夠，遇夏天2滴就可以（用筷子沾滴或使用滴器瓶）。

梔子糕

梔子糕是台灣平民美食，都會區常有小販叫賣。台北龍山寺左邊街角有一固定攤商，生意很好。小葉梔子瀉火除煩，清熱利尿，涼血解毒，花可做茶之香料，果實可消炎袪熱，果乾經水煮後，水呈鮮黃色。蓮藕粉含維生素C、蛋白質、粗脂肪、纖維素，營養價值很高。

材料

在來米粉	150克
蓮藕粉	100克
栀子乾	15～30克
二砂糖	70克
水	750cc
蜂蜜	適量

器具

模具	1個（容量需1500cc）
耐熱保鮮膜	1片（或蒸巾布1條）

做法

1. 水加栀子（可剖開）煮出顏色，放至溫涼（約40℃）備用。
2. 兩種粉放入盆中混勻，加入2/3栀子水。
3. 用攪拌器拌勻，調成粉漿（不見乾粉）。
4. 另取一鍋，放入剩餘的栀子水及糖，煮至糖融化。
5. 將栀子糖水倒入做法3的粉漿中拌勻。
6. 將拌勻的粉漿倒入舖有保鮮膜的模具內。
7. 蒸鍋內加水煮滾，放入模具，大火蒸10分鐘後轉中小火，續蒸30分鐘。
8. 熄火取出模具放涼，即可切塊，淋上蜂蜜食用。

小秘訣

1. 感覺成品有點硬時，下次製作時水量稍增加些（煮糖及栀子時可能蒸發部分）。
2. 冰涼後再吃更棒（尤其是夏天）。
3. 量大很厚時，蒸的時間要拉長。
4. 在水中加入食用梘油1滴（或鹼），產品更Q彈，而且可延長存放時間。

五穀養生米漿

吃五穀雜糧比吃白米健康已不是新鮮事,提醒大家,並不是人人都適合吃五穀米,例如消化能力差者、貧血、缺鈣者(穀物的植酸會抑制鈣質鐵質)、腎臟病患(穀物蛋白質、鉀、磷含量高)、糖尿病人、胃腸道有癌患者皆不適合,建議向專業醫師諮詢。

材料

五穀米（或十穀米）	60克
熱開水（或冷開水）	1200cc
熟黑、白芝麻	各30克
燕麥片	75克
有機冰糖（或二砂糖）	80克
米漿專用焦花生仁	20克

做法

1 五穀米洗淨，加水（蓋過約1公分）浸泡1小時備用。

2 泡好的五穀米，連浸泡水、全部配料，及約800cc的水，一起放入果汁機打至細糊（約2～3分鐘）。

3 鍋中加入200cc水煮開，再放進冰糖。

4 將打好的米漿糊倒入鍋中。

5 用200克水沖洗果汁機，倒入鍋中。

6 小中火將米漿煮至滾即可，煮時需經常攪動，以防鍋底燒焦。

小秘訣

1. 平常家中如有煮五穀飯，可用剩飯約250公克代替五穀米。
2. 可加入各類堅果一起打成糊。
3. 米漿專用花生仁可改一般花生（量要多些）或不加亦可。
4. 米漿磨漿機品牌很多，有的只須加入生水即可，不須再煮，打的時間長短、杯子材質各家也不一。塑膠材質勿打熱的。
5. 磨漿機很方便，喝多少打多少。如果打的量多，存放時最好先煮滾，放涼再分裝，以免變質。
6. 濃稠度可視狀況增減，若太稠就增加水量或減少穀物。

點心類

[宴客點心]

心太軟

這是一道江浙（上海）菜系美食，如能買到野生紅棗最好，因野生的個兒大，做起來好處理（要去籽）。紅棗是一味最常見的藥食同源方藥，它的補血功效一直被傳為佳話，但選用紅棗進補並非適宜所有的女性朋友，如在生理期間出現眼腫、腳腫或體質燥熱的女性，就不適合服食紅棗。生鮮或熟食皆不宜過多，凡事取中道無礙健康。

粉糰餡		水果糖漿		器具
去籽紅棗	150克	水	1000cc	擠花袋、擠花嘴
糯米粉	35克	蘋果	1/2粒	
蓮藕粉	20克	鳳梨	1/8粒	
樹薯粉	10克	二砂糖	80克	
熱水	50cc	麥芽糖	30克	

事前處理

1. 紅棗洗淨，泡熱開水約10分鐘（或煮滾3分鐘），取出濾乾備用。
2. 三種粉先混勻備用。
3. 蘋果洗淨後切片。
4. 鳳梨去皮切片。
5. 擠花嘴裝入擠花袋中裝好。

做法

1. 將粉糰餡料的麥芽與熱水先調溶。
2. 加入混勻的粉，調成粉漿。
3. 將粉漿裝進擠花袋裏。
4. 擠花嘴朝每粒紅棗擠進一段粉糰。
5. 全部擠完之後，放入蒸籠小火蒸約5分鐘蒸熟。
6. 1000cc水放入鍋中，加入麥芽糖30克、二砂糖一起煮至糖融化。
7. 加進蘋果片、鳳梨片煮開，轉小火待用。
8. 將蒸好的紅棗倒進蘋果鳳梨水裏，小火熬入味，約10分鐘。
9. 燜泡5分鐘後，即可撈起盛盤。

小秘訣

1. 紅棗不要買太小粒。
2. 甜度依個人喜好增減糖量。
3. 粉糰不要擠太滿（約7、8分滿），否則煮熟粿糰會爆出。如果爆出，需修整齊較美觀。
4. 蘋果、鳳梨麥芽糖水可重複用。
5. 紅棗水是健康飲品之一，冷、熱飲皆宜。

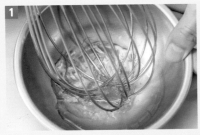

糯米粉點（動物篇）

糯米粉點僅在高檔宴席菜或大型美食展才能見到，動物形貌栩栩如生，宴席間有的賓客還捨不得吃，因為師傅手藝高超，做得太逼真了！

材料

粉糰

糯米粉	130克
澄粉	20克
中筋麵粉	10克
白細砂糖	8克
冷水	91cc
香油（刷表面用）適量	

調色

綠茶粉	1茶匙
紅麴粉	1茶匙
南瓜泥（熟）	15克
紫地瓜泥	15克

內餡

烏豆沙餡	180克

器具

防黏烘焙紙	12張
毛刷	1支

做法

1. 取10克糯米粉，加水1.5茶匙，捏成糰，分成5等份後煮熟（或蒸熟）。

2. 剩餘糯米粉加澄粉、麵粉混勻，將粉分成5等份，每份粉各加入一塊熟糰。

3. 其中3份分別加入水21cc與綠茶粉、紅麴粉（白色那一份不加），分別搓成糰，另2份分別加南瓜泥、紫地瓜泥和水7cc，搓成糰，共做成紅、黃、綠、紫、白五種顏色粉糰。

4. 烏豆沙餡均分成12等份（各15克）；粉糰分12份（約25～28克），粉糰按扁，包入餡料。

5. 包好後依各種動物模樣捏做出各種動物，例如金魚、小鴨、鴛鴦、青蛙、小豬、大象、熊貓等，放進鋪好防黏烘焙紙的蒸籠中。

6. 蒸鍋水滾後放上蒸籠蒸約6分鐘，見膨脹即可取出，表面上刷香油即可。

小秘訣

1. 綠色粉糰可用菠菜汁（與水等量）來製作。

2. 紅色粉糰可用紅麴醬或紅火龍果汁、甜菜根液來製作。

3. 黃色粉糰可用紅蘿蔔汁（與水等量）、薑黃粉來製作。

4. 白色粉糰只加水和熟糰即可（水換成鮮奶或豆漿會更白）。

5. 各色粉糰的份量可依自己想做動物的數量來調整，某種顏色的粉糰多做一點。

糯米粉點（蔬果篇）

糯米粉點只有在高檔宴席菜或大型美食展才能見到，除了做成小動物之外，還可做成各種蔬菜的形狀，只要您想得到，而且用的是自然健康的天然食材為染劑，可以做出很多蔬果造型粉點。

材料

粉糰		調色		內餡	
糯米粉	130克	綠茶粉	1茶匙	烏豆沙餡	180克
澄粉	20克	紅麴粉	1茶匙	**器具**	
中筋麵粉	10克	南瓜泥（熟）	15克	防黏烘焙紙	12張
白細砂糖	8克	紫地瓜泥	15克	毛刷	1支
冷水	91cc				
香油（刷表面用）適量					

做法

1. 取10克糯米粉，加水1.5茶匙，捏成糰，再分成5等份後煮熟（或蒸熟）。

2. 剩餘糯米粉加澄粉、麵粉混勻，將粉分成5等份，每份粉各加入一塊熟糰。

3. 其中3份分別加入水21cc與綠茶粉、紅麴粉（白色那一份不加），分別搓成糰，另2份分別加南瓜泥、紫地瓜泥和水7cc，搓成糰，共做成紅、黃、綠、紫、白五種顏色粉糰。

4. 烏豆沙餡均分成12等份（各15克）；粉糰分12份（約25～28克），粉糰按扁，包入餡料。

5. 包好後依各種蔬果模樣捏出各種蔬果，例如玉米、南瓜、枇杷、柿子、芭樂、香蕉、紅蘿蔔、葡萄、楊桃、鳳梨、橘子、木瓜、蓮霧等，放進舖好防黏烘焙紙的蒸籠中。

6. 蒸鍋水滾後放上蒸籠蒸約6分鐘，見膨脹即可取出，表面上刷香油即可。

小秘訣

1. 綠色粉糰可用菠菜汁（與水等量）來製作。

2. 紅色粉糰可用紅麴醬或紅火龍果汁、甜菜根液來製作。

3. 黃色粉糰可用紅蘿蔔汁（與水等量）、薑黃粉來製作。

4. 白色粉糰只加水和熟糰即可（水換成鮮奶或豆漿會更白）。

5. 各色粉糰的份量可依自己想做蔬果的數量來調整，某種顏色的粉糰多做一點。

五行粿粽

五行粿粽是客家粿粽的延伸，做成五彩繽紛的小粿粽，
每五色綁成一個，討喜可愛，讓食慾大增！

材料

粿皮

糯米粉	640克
樹薯粉	60克
細糖	50克
茶油	4大匙
水	320cc
竹炭粉、抹茶粉	各1.5茶匙
南瓜泥、紅麴醬	各3大匙
油	2大匙

內餡

紅豆沙餡	100克
抹茶餡	100克
蓮蓉餡	100克
咖哩肉餡	100克
芋泥餡	100克

器具

綠竹粽葉（或月桃葉）	24～32片
藺草（或棉粽繩）	8條

事前處理

粽葉汆燙洗淨，晾（擦）乾再抹油。其中幾片剪成小片備用。

做法

1. 取50克糯米粉加水約35cc調混成糰，分成5等份，放入滾水中煮熟。

2. 剩的糯米粉和樹薯粉及糖加在一起混勻，分5等份（每份約140克），每份各加一塊熟糰，其中四份分別加1大匙茶油及一種顏色（竹炭粉、抹茶粉、南瓜泥、紅麴醬）。

3. 白色、綠色、黑色粉堆中各加水約75cc，黃色、紅色粉堆各加水約30cc，各自揉成粉糰。

4. 搓揉成軟硬度的一樣五色粉糰。

5. 每色粉糰各分成8小份（約30克）。各種餡料也各分8小粒（約12～13克）。

6. 各色粉糰分別對應一種餡料：白／紅豆餡、黃／抹茶餡、黑／蓮蓉餡、綠／咖哩餡、紅／芋泥餡。

7. 每個粉糰分別包好餡料。

8. 在每粉糰外皮抹油。

9. 兩片粽葉平放，排入包好館的五色粉糰於葉子中段，每色粉糰之中須插進一片大小等同的葉子，兩面皆須抹油。再用手托起，把兩端葉子向內摺，上面再蓋一片葉子向下壓摺。

10. 線繩短的一端留粽長兩倍長，像湖州粽綁法，長的一端繞粽身兩圈，往另一端繞去，最後與短的一端綁活結。

11. 粽子放蒸籠裏，大火蒸8分鐘，改中火續蒸約15分鐘，熄火燜5分鐘取出即可。

小秘訣

1. 若粽葉大，用3片即可，粽葉小須用5片。

2. 以優格和奇異果打成沾醬；沾粽子很好吃，清爽可口。

3. 顏色與餡料可自行變化，只要是天然健康食材就好。

炸元宵

元宵顧名思義就是元宵節的應景食物。70年代江浙菜系小餐館，每逢元宵節前必有滾元宵的場景：把冰硬後的餡，一次30粒，在盛有糯米粉的竹編密實的籮篩中重複搖動10~12次，直到成為一顆元宵，也可以純手工一個一個包餡搓圓。

材料

糯米粉	150克
水	105cc
豆沙餡	120克
生芝麻（黑白皆可）	30克
炸油	1000cc
蛋液	少許

事前處理

豆沙餡分成10小粒，放冷凍冰硬。

做法

1. 糯米粉加水搓成糰，取約生糰15公克左右，放入滾水中煮熟（或蒸熟），再和其餘粉糰一起搓揉成軟Q狀。

2. 成糰後分10小粒，每粒約25克。

3. 每一小粉糰再搓圓，食指沾水捏出凹槽。

4. 裝入餡料，收口捏緊。

5. 將元宵外層滾上蛋液（或用廣式作法，將外皮沾水搓成黏的）。

6. 將元宵外表沾滿芝麻。

7. 起油鍋，燒熱約70℃，放入元宵以中小火炸至浮起、表面上色即可。

小秘訣

1. 元宵包芝麻餡易爆餡，餡料少些就好。

2. 多做沒吃完的話，可放盤子上用保鮮膜包好，放冰箱冷凍，再煮時不用退冰，直接炸，炸的時間稍長。

3. 用中小火炸可防止元宵爆裂。

炸芋棗

這是一道江浙甜點，餡料也可換成紅豆沙或其他口味，或改為鹹餡料亦無妨。

材料

外皮

芋泥	100克
糯米粉	100克
黑糖	25克
沙拉油	1大匙
檸檬（或柳橙）皮屑	1/2粒
滾水	50cc
太白粉 （沾外皮用）	30克

內餡

棗泥餡	120克
炸油	約450cc

小秘訣

1. 將芋頭洗淨切薄片，蒸30分鐘取出，趁熱搗或壓成泥，即是芋泥。

2. 做好的芋棗也可以用蒸的，但蒸好趁熱在外皮刷油，以防結皮。

3. 蒸好芋泥含水量不一，若太乾或太濕，可加少許水或糯米粉調整。

4. 常做點心者可以一次多做些芋泥放冰箱，有絞肉機者可用絞的，既快又細。

做法

1. 糯米粉放入盆中，沖入滾水攪拌。

2. 加入芋泥後，用手揉開。

3. 加入黑糖、油、檸檬皮屑。

4. 搓揉成糰，靜置5分鐘。

5. 再搓揉一下，然後分成12等分。

6. 將棗泥餡也分成12等分。

7. 將外皮壓扁，棗泥餡稍微用水沾溼，用外皮將棗泥餡包起來，然後搓成橢圓形。

8. 用刀子在芋棗上壓出條紋，捏一下，做成棗子的樣子。

9. 芋棗外表沾上太白粉。

10. 起油鍋，溫度約100℃，置入芋棗，以中小火炸至浮起，轉大火，炸至上色即可撈起。

11. 炸好的芋棗放在吸油紙上吸油，然後再盛盤。

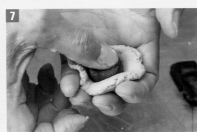

桂花赤豆鬆糕

此道菜是圓山飯店的當紅甜點。當年第一夫人蔣宋美齡想吃故鄉甜點赤豆鬆糕，要圓山飯店點心師傅做給她吃，可是點心師傅不會，於是蔣宋美齡口授配方與作法。如今江浙菜系的點心老師傅個個都會作，以前並沒有制式配方，都憑手感。本食譜成品榮獲103年穀研所米穀粉美食比賽北區佳作。

材料

蓬萊米穀粉（乾磨）	350克	豆沙餡	180克	**器具**	
糕仔粉	350克	蜜餞水果（切細）	50克	蒸布巾	1條
糖粉（或細糖）	170克	蒜味花生	30克	8吋蒸籠	1個
蜜紅豆	180克				
水	160cc				
桂花醬	35克				

事前處理

1. 蒜味花生稍拍碎。
2. 將豆沙餡拌入碎花生，分成2等份。

小秘訣

1. 鬆糕粉在烘焙材料行或規模較大的南北貨商行買得到（有現成配比好的）。
2. 蒸籠的大小或粉的厚薄會影響成品數量。
3. 不加蓬萊米穀粉，全部以糕仔粉來製作也行。
4. 穀粉比例中加約1/4蓬萊糕粉較鬆軟。
5. 平常不加桂花醬，加了桂花醬口感味道大大加分。
6. 蒸籠加粉時不可敲打，以免過於緊實，影響口感，也會延長蒸製時間。
7. 成品可冷藏5～7天，冷凍約2個月（需密封好）。

做法

1. 穀粉加糕粉混勻。
2. 加入桂花醬及水160cc。
3. 用雙手將粉與桂花醬及水拌勻再搓散，加蓋靜置30分鐘。
4. 將靜置的粉過篩。
5. 再加入糖及蜜紅豆混勻。
6. 蒸布巾沾濕擰乾，舖入蒸籠，蒸籠加入1/3的粉，將表面刮平（不能壓）。
7. 豆沙餡（已加碎蒜味花生）揉成長條狀，圍成圓環狀，放在蒸籠中間。
8. 然後加滿粉，用刮板將表面刮平。
9. 最後撒上蜜餞水果。
10. 大火蒸約2～3分鐘後再加蓋，30秒後取出倒扣即可。
11. 放涼後才可切小塊（食用時須回蒸，不要用微波）。

紫米八寶飯

本草綱目記載：「紫米滋陰補腎，健脾暖肝，明目活血。」紫米屬性平、味甘，含有花青素類色素，抗衰老，歷代帝王將它視為貢品。適宜肥胖症、癌症、腳氣病者食用。常食可減少夜尿次數。

材料

紫米	150克	甘納豆	30克
圓糯米	350克	鳳梨乾	30克
紅糖	45克	甜蓮子	30克
二砂糖	45克	水 適量	
桂圓肉	30克		
米酒	80cc	**器具**	
沙拉油	4茶匙	不鏽鋼碼碗	2個
白豆沙	100克	耐高溫保鮮膜（或玻璃紙）	

事前處理

1. 紫米、圓糯米分開洗。
2. 紫米用濾盆裝，放在裝圓糯米的大盆中一起浸泡一晚。
3. 桂圓肉洗淨，用1/2的米酒泡軟備用。

做法

1. 紫米與圓糯米濾乾水份。
2. 兩種米分開裝，同時放入蒸籠乾蒸，蒸約25分鐘即可。
3. 蒸好的米飯全部倒進鋼盆，加入糖、油、桂圓肉、剩下1/2的米酒，一起拌勻備用。
4. 不鏽鋼碼碗內鋪上保鮮膜，加入並排齊甘納豆、鳳梨乾、甜蓮子。
5. 碗中填入1/3碗拌好的紫米飯，再崁上1/2的白豆沙（需壓扁）。
6. 再填入1/3碗量的紫米飯，將表面壓平實（約8分滿）。
7. 放入蒸籠中蒸約20分鐘，取出倒扣於盤上即完成。

小秘訣

1. 裝飾用的甘納豆、鳳梨乾、甜蓮子可換成什錦蜜果（綜合果粒）。
2. 糖可只選一種，量是兩種相加，視個人甜度可增減。
3. 甜度視個人喜好，從米總重量的1/3～1/6去衡量。

桂圓紅棗蓮子紫米粥

桂圓又稱龍眼乾、桂圓肉，有補心脾、益氣血的作用，是傳統的補血良方之一，而且其味甘甜、性平和，非常好吃，很容易被接受。紫米又稱「長生米」，它的外殼比一般糯米多了植化素花青素成分，是優質的抗氧化劑來源。

材料

桂圓肉	100克
去籽紅棗	50克
蓮子	120克
紫米	200克
圓糯米	200克
糙米	200克
二砂糖、黑糖	各200克
水	共7000cc

做法

1. 桂圓肉洗淨，加約300cc的水，小火蒸10分鐘。
2. 紅棗洗淨，加約200cc的水，蒸30分鐘。
3. 蓮子洗淨，加約500cc的水，蒸約30～40分鐘。
4. 紫米洗淨，加約1000cc的水，蒸約1小時。
5. 圓糯米、糙米洗淨，加約2000cc的水，蒸約30分鐘。
6. 大鍋中加水3000cc，開大火，水未滾時即放入二砂糖及黑糖，不要攪動，待水滾糖融。
7. 加入糙米、紫米、圓糯米、桂圓、紅棗、蓮子，改小火再煮約40分鐘即可食用。

小秘訣

1. 每種食材都有自己的味道及合適的烹調時間，故不建議一開始就全部放在一起蒸。
2. 紫米、圓糯米、糙米各洗淨後，如先浸泡約1小時，可縮短蒸的時間約10分鐘。
3. 乾蓮子只能洗1次，洗2次以上蓮子不易軟爛，新鮮蓮子蒸約20分鐘。
4. 煮好後可用保鮮盒分裝，置入冰箱冷藏或冷凍。夏天冷食亦可。

荷葉珍珠雞

乾荷葉有特殊香氣，中秋過後荷葉尚未枯黃時採下曬乾。乾荷葉可泡茶、泡澡（荷葉藥草浴可紓緩壓力及減肥）、煮飯。燒飯合藥，能補助脾胃而升陽氣。荷葉珍珠雞可當點心也可當宴會菜，在很多菜系都有它的存在，作法大同小異。

材料

材料		調味料	其他：香油	2茶匙
長糯米	350克	A醃料：醬油1大匙，糖1/4小匙，	酒	1/2大匙
去骨仿雞腿	1支	酒2茶匙，胡椒粉1茶匙		
乾香菇	20克	B：醬油1大匙，香菇粉1/4茶匙，	**器具**	
開陽（蝦米）	12克	鹽1/2茶匙，糖1/2小匙，酒1/2	乾荷葉	1張
油蔥酥	10克	大匙，高湯4大匙		
純豬油	2大匙			

1. 荷葉氽燙撈出，漂洗濾乾，剪去粗梗，分切6等份。
2. 雞腿洗淨擦乾水份，切6等份，用調味料A醃約30分鐘。
3. 香菇泡脹，擠乾水切絲。
4. 開陽洗一次水濾乾，用半酒水（酒1/2大匙加水1大匙）泡約5分鐘。
5. 長糯米洗淨，水滾煮2.5～3分鐘熄火濾出，大火蒸25分鐘（或浸泡4小時再乾蒸25分鐘。浸泡水量以水蓋過米約3公分）。

做法

1 起油鍋，將開陽、香菇爆炒香。

2 加進米飯及調味料B炒勻。

3 再加油蔥酥及香油拌勻，熄火備用。

4 將剪好的荷葉以階梯式間隔擺放好。

5 把米飯平均放在荷葉頂端約5公分處。

6 再放上一塊醃好的雞肉。

7 像包春卷一樣將米飯與雞肉包起來。

8 放進蒸籠，以大火蒸20～25分鐘即可。

小秘訣

1. 放入蒸籠時記得雞肉是在上面，肉汁才會被米飯吸收。
2. 荷葉和粽葉一樣，通常也有含有二氧化硫，所以要漂洗乾淨。
3. 也有用整隻雞去骨後醃製，包裹米飯再包荷葉去蒸，但非一般主婦可辦到。
4. 要買大雞腿（雞腿前端連一大塊肉），小雞腿可能要2隻，自行斟酌。

飯粒類
24人份

鹹八寶飯

鹹八寶飯很接近油飯，是比較高檔的宴席菜，越高檔則食材越豐富，排料入碗花費時間頗長，因而價位不便宜。米糕（有鹹、甜兩種口味）在台灣人的飲食文化裏佔了很重要的地位，尤其在一般的生活用語裏經常出現，古有稱米糕前身為「盤油飯」者，即是以大木盤盛裝的「油飯」。

材料

長糯米	500克	豬油（或沙拉油）	1大匙又1茶匙	器具	
瘦肉	120克	薑末	10克	碗	2個
芋頭、筍、紅蘿蔔	各80克	水	150cc	玻璃紙或耐熱保鮮膜	2張
開陽（蝦米）	12克	**調味料**			
香菇	20克	A：鹽、香菇粉各1.5茶匙，糖、			
魷魚	30克	胡椒粉各1茶匙			
鹹蛋黃	4粒	其他：醬油2茶匙，香油2茶匙			
香菜	5克				

事前處理

1. 長糯米洗淨，浸泡4小時後濾乾。
2. 瘦肉切丁。
3. 開陽、香菇、魷魚分別泡軟濾乾，香菇留2朵，其餘切丁，魷魚切條。
4. 芋頭、筍、紅蘿蔔切丁，筍、紅蘿蔔丁汆燙備用。
5. 鹹蛋黃蒸（或烤）半熟切片。
6. 香菜洗淨切段。調味料A拌勻。

小秘訣

1. 炒的過程中須加少許水才不會焦乾。
2. 醬油品牌不同，顏色也會不一，色澤不夠可多加一些，小心不要太鹹就好。
3. 時間夠的話，炒好的料可分別挑出來，再排入會更好看，也可拉高價位。

做法

1. 鍋熱後下油與薑末，再放進開陽、香菇丁爆香。
2. 鍋內放入芋頭、瘦肉丁及1/3的調味料A，加入醬油，拌炒至肉半熟。
3. 加入魷魚、筍丁、紅蘿蔔丁，炒勻後取出2/3的料做裝飾用。
4. 鍋內留1/3的料，加入浸泡好的長糯米，再加剩餘的調味料A，拌炒均勻。
5. 加150cc水，繼續拌炒至水乾，加入香油拌勻，熄火備用。
6. 碗內抹油（或舖玻璃紙），先放入一朵香菇，再排入鹹蛋黃片。
7. 接著舖入預留的炒料。
8. 再添入做法5炒好的飯，將表面壓平。
9. 放入蒸籠以大火蒸30～40分鐘（如包耐熱保鮮膜須增加10分鐘）。蒸好後取出，倒扣於盤上，以香菜裝飾即可。

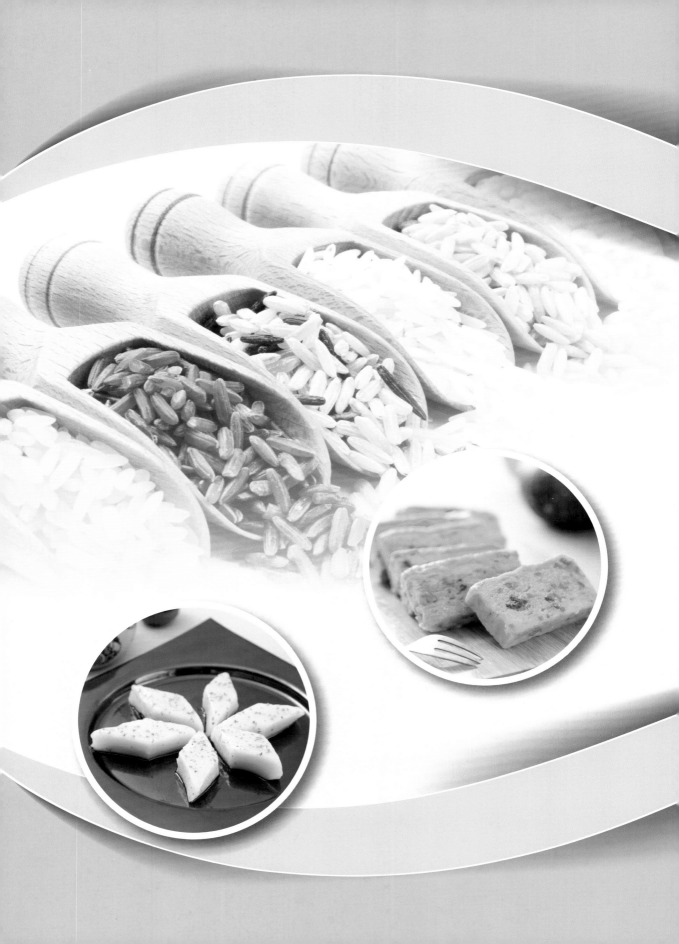

點心類

[各色茶點]

蘿蔔糕

漿粉類
36片

蘿蔔糕是很普遍的米食點心，可隨手邊食材做出各式蘿蔔糕。蘿蔔糕要好吃，沾醬是關鍵，本食譜內介紹的沾醬配方，可當很多種糕品的沾醬。

114

材料

		調味料
白蘿蔔	700克	A：鹽、香菇精、糖、胡椒粉　　各1大匙
在來粉	250克	B沾醬：醬油膏1瓶，蒜仁150克，薑75克，紅
澄粉	50克	辣椒6～8條，糖25克，香菇粉10克
水	900cc	其他：香油1大匙
開陽（蝦米）	10克	
乾香菇	10克	**器具**
油蔥酥	10克	20×27×5深托盤1個或10×15×5鋁箔模2個
純豬油（或沙拉蔥油）	2大匙	玻璃紙1/4張

事前處理

1. 白蘿蔔洗淨，刨（或切）絲。
2. 開陽泡軟瀝乾。
3. 乾香菇泡軟切絲。
4. 將沾醬材料全部放入果汁機打勻。

做法

1. 在來粉、澄粉、調味料A及1/3的水混合，調成漿備用（太稠可多加點水）。
2. 起油鍋，將開陽及香菇爆香。
3. 加入剩餘的水、蘿蔔絲，水滾後轉最小火。
4. 倒入調好的粉漿拌勻。
5. 再加入油蔥酥與香油拌勻（不可變稠硬）。
6. 深托盤鋪上玻璃紙，將炒好的粉漿倒入深托盤，將表面抹平。
7. 放入蒸籠，以大火蒸40～60分鐘（蒸的時間長短取決於火力大小及糕的厚度）。蒸好後取出，放涼即可切塊沾醬食用。

小秘訣

1. 蒸好的蘿蔔糕隔天再切較好切，保鮮期約5天，可放在冰箱冷藏，但不可冷凍。
2. 一般是煎過較好吃。用不沾鍋較好煎，如用一般鐵鍋，須將鍋燒熱，以小火吃油後再煎。
3. 蘿蔔糕要好吃，米（或粉）、白蘿蔔絲和水的比例是1：2.5：2.5，就是1斤米配2斤半蘿蔔、2斤半的水。
4. 沾醬可依個人口味調製，但製作過程中不可有生水，用果汁機打好裝瓶，放冷藏約可保存2星期。

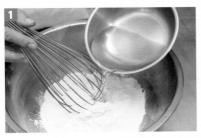

廣式蘿蔔糕

這是港式飲茶餐廳必有的茶點之一,常做者必先炸好蔥豬油備用,口感味道才會好。在家用電鍋做也很方便,外鍋需加2杯水(可分2次加)。好吃的秘訣在沾醬。

材料

白蘿蔔	900克
在來粉	250克
澄粉	50克
馬蹄粉	50克
水	875cc
開陽（蝦米）	15克
臘腸	25克
臘肉	25克
油蔥酥	15克
蔥豬油	30克

調味料

A：鹽、香菇粉、糖、胡椒粉　　各1大匙

B沾醬：醬油膏1瓶，蒜仁150克，薑75克，紅辣椒6～8條，糖25克，香菇粉10克

其他：香油　　　　　　　1大匙

器具

10×15×5鋁箔模　　　2個

事前處理

1. 白蘿蔔去皮洗淨切（刨）絲。
2. 開陽泡軟瀝乾。
3. 臘腸、臘肉各切細丁。
4. 將沾醬材料全部放入果汁機打勻。

做法

1. 將在來粉、澄粉、馬蹄粉混合，加入調味料A及1/3的水，調成漿備用。
2. 用蔥豬油起油鍋，將開陽爆香後加入臘腸、臘肉丁炒香。
3. 加入蘿蔔絲及剩餘的水，水燒開後轉最小火。
4. 倒入調好的粉漿拌勻。
5. 再加油蔥酥、香油拌勻（不可變稠硬）。
6. 將炒好的粉漿倒入鋁箔膜，將表面抹平。
7. 放入蒸籠以大火蒸40～60分鐘。
8. 蒸好後取出放涼，即可切塊沾醬食用。

小秘訣

1. 蒸好的蘿蔔糕隔天再切較好切，保鮮期約5天，可放在冰箱冷藏，但不可冷凍。
2. 一般是煎過較好吃。用不沾鍋較好煎，如用一般鐵鍋，須將鍋燒熱，以小火吃油後再煎。
3. 蘿蔔糕要好吃，米（或粉）、白蘿蔔絲和水的比例是1：2.5：2.5，就是1斤米配2斤半蘿蔔。
4. 沾醬可依個人口味調製，但製作過程中不可有生水，用果汁機打好裝瓶，放冷藏約可保存2星期。
5. 純豬蔥油製作的比例是豬肥肉丁：青蔥：薑片為100：3：2，炸至蔥薑微焦即可。

南瓜糕

南瓜糕是臘味蘿蔔糕的延伸，把白蘿蔔絲換成南瓜絲，成品呈現金黃色，在過年時製作來敬神及祭拜祖先，討個吉利，幾個家庭共同做，做好再分切更省事。台灣整年皆產南瓜，它是一種抗癌蔬果，含鋅，常吃還可以預防攝護腺腫大，幫助恢復腦力。

材料

在來米粉	250克
馬蹄粉	50克
南瓜（去皮）	600克
開陽（蝦米）	15克
五花肉絲	100克
臘腸	30克
臘肉	30克
水	900cc
豬油	30克

調味料

A：鹽、香菇粉、糖、胡椒粉各1又1/4茶匙

B沾醬：醬油膏200克，蒜仁20克，薑30克，辣椒3條

其他：香油　　　1大匙

器具

30×20×5公分深托盤1個

事前處理

1. 南瓜洗淨切（刨）絲。
2. 臘腸、臘肉切細丁。
3. 將沾醬材料全部放入果汁機打勻。
4. 托盤內部抹油備用。

做法

1. 兩種粉混勻，先加水300cc及調味料A，調勻成粉漿備用。
2. 用豬油起油鍋，爆香開陽，再加入臘腸、臘肉丁炒香。
3. 加入五花肉絲（肉末）炒熟。
4. 加入南瓜絲及剩餘600cc的水，煮至水滾。
5. 轉小火，倒入預備好的粉漿，趕快攪拌均勻。
6. 加入油蔥酥及香油拌成稠漿。
7. 將南瓜漿倒入抹好油的深托盤中，並將表面抹平，放入蒸籠中，大火蒸40分鐘。
8. 熄火後取出放涼，托盤倒扣取出南瓜糕，在表面抹油。
9. 要吃時切片，煎至兩面微焦，盛盤淋上沾醬即可。

小秘訣

1. 馬蹄粉可換成澄粉或樹薯粉。
2. 倒入南瓜漿後要快點攪動（怕動作慢可先關火），以防變硬不好抹平。
3. 蒸好的南瓜糕隔天再切較好切，保鮮期約5天，可放在冰箱冷藏，但不可冷凍。
4. 量大時蒸的時間須視情況延長。

鮮蝦腸粉

鮮蝦腸粉是港式飲茶餐廳必有的港點之一，是廣東人的早餐，如同上海人早餐吃湯包一樣普遍。它的口感滑嫩，無法冷凍儲存，必須當天製作。腸粉在早期是以布拉成的，又稱為布拉腸粉，十分纖薄。

材料

腸粉		淋醬		調味料
新鮮蝦仁	150克	醬油	2茶匙	鹽、胡椒粉、酒各1/4茶匙
去皮荸薺	40克	香菇素蠔油	1大匙	太白粉2茶匙
在來米粉	50克	二砂糖	1大匙	
糯米粉	50克	太白粉	1又1/4茶匙	**器具**
馬蹄粉	150克	水	2大匙	直徑約18~20公分圓鐵盤1
鹽	1/2茶匙	芝麻醬或香油	1茶匙	個,或15×20公分淺長方
水	700cc	蒜仁	10克	托盤1個
豬油	5克	香菜	5克	保鮮膜

事前處理

1. 荸薺去皮,洗淨切細丁。
2. 蝦仁去腸筋洗淨,用乾淨毛巾或擦手紙吸乾水份,再加入調味料,抓醃靜置約20分鐘入味。
3. 蒜仁拍碎、香菜切段。

做法

1. 醃好的蝦仁加入荸薺末拌勻備用(夏天需先放進冰箱)。
2. 粉類和鹽一起拌勻,先加入1/2的水,用打蛋器調勻。
3. 再加另1/2的水(可加熱至約60℃)調勻。
4. 準備好蒸鍋。在蒸盤上抹油,放進蒸籠。
5. 舀入適量粉漿,以大火蒸2~3分鐘後取出,蒸盤扣在保鮮膜上,把腸粉倒出。
6. 每片粉皮放入適量鮮蝦料捲好,放入蒸鍋中回蒸約8分鐘。
7. 將淋醬材料混合。
8. 蒸好成品盛盤,淋上醬汁即可。

小秘訣

1. 這是簡易做法,專業有專業的爐具。
2. 粉皮也可用煎製,但是調漿的水要再加多一點,約到400cc。
3. 荸薺最好買新鮮的自己削皮。
4. 蒸籠確定要呈水平狀,不然蒸出來的粉皮將會一邊薄一邊厚。
5. 也可在蒸粉皮時直接放入蝦餡,時間延長一些些,蒸好後直接捲起不必回蒸。

櫻花蝦香蔥腸粉煎

櫻花蝦香蔥腸粉煎是鮮蝦腸粉的變化延伸，內餡可以自由變化，可煎兩面或四面，以微火少油煎至酥脆，很是好吃，做法簡單，快來嘗試做看看。

材料

腸粉		配料		調味料
在來米粉	50克	香菜	30克	A：酥炸粉2大匙，鹽、胡椒粉各1/4茶匙
馬蹄粉	150克	青蔥	70克	
糯米粉	50克	櫻花蝦	45克	其他：胡麻醬1大匙，醬油膏（或素蠔油）1大匙
水	700cc	炸油	適量	
沙拉油	1大匙又1茶匙	煎油	2茶匙	
鹽	1/4茶匙	熟白芝麻	適量	

事前處理

1. 香菜、青蔥洗淨晾乾，蔥切約0.5公分蔥花，香菜切約1公分段備用。
2. 櫻花蝦洗淨濾乾，加入調味料A拌勻，炸酥備用。

做法

1. 粉類入鋼盆調勻，先加200cc水，用打蛋器調勻。
2. 慢慢加入油、鹽及剩餘300cc的水，一邊加一邊攪動至水加完，攪勻備用。
3. 平底鍋熱鍋後轉小火，用紙巾沾煎油將鍋內抹上油。
4. 舀入漿水約150～190cc，攤成直徑約20公分圓形，煎烤至熟。
5. 均勻撒上櫻花蝦、香菜段、蔥花。
6. 如捲蛋餅一樣將腸粉皮捲起，盛起備用。
7. 所有腸粉做好後，熱鍋小火抹油，排入再煎一次（兩面稍煎，亦可用炸的）。
8. 煎好取出，頭尾切齊，中間再切1或2刀。
9. 排盤，淋上胡麻醬、醬油膏，再撒上白芝麻即成。

小秘訣

1. 馬蹄粉可改成太白粉或樹薯粉。
2. 調味料A先拌勻再拌入櫻花蝦會較均勻。
3. 內餡蔬菜可做變化，如芹菜、香椿……等。淋醬亦可變化。
4. 可做4~5條（4條漿約190克），先將配料均分好，再開始煎。

珍珠糯米丸子

珍珠糯米丸子是常見的一道茶點，好看又好吃，滿足了視覺與味覺。各家做法略有不同，不同配方材料吃起來滋味各有不同。

材料		調味料	
絞肉	300克	鹽	3/4茶匙
圓糯米	200克	香菇粉	3/4茶匙
洋火腿	50克	糖	3/4茶匙
馬蹄	60克	香油	2茶匙
香菜	10克	太白粉	1大匙又1茶匙
蔥末	10克	胡椒粉	2茶匙
薑末	5克		

事前處理

1. 糯米洗淨後浸泡4小時（或溫水約70℃浸泡2小時），濾去水份備用。
2. 洋火腿切細丁。
3. 馬蹄洗淨拍碎。
4. 香菜洗淨，切約0.5公分段。

做法

1 絞肉加進全部調味料。

2 用手反覆攪拌摔打，直至絞肉具有黏性。

3 絞肉加入洋火腿、馬蹄、香菜、薑、蔥拌勻，放冰箱冷藏至絞肉變稍硬。

4 取出冰硬的絞肉，用手掌虎口擠出約25克肉丸。

5 放進糯米中，讓肉丸翻滾，表面沾滿糯米。

6 將做好的珍珠丸子放入蒸籠內，以大火蒸約8分鐘即熟。

小秘訣

1. 若糯米濾乾太久，沾米時須再過水一下再沾，否則產品外觀的米粒看起來會像沒有熟透。
2. 珍珠丸子一般不加醬油調味（否則產品外觀顏色不亮），如需要，可加淡色醬油。

地瓜芝麻球

地瓜芝麻球是夜市、路邊攤或大型活動周邊,常見的米食小點心,偶爾買一份解解饞無妨,但不建議常食,因為商家所使用的炸油品質好壞不一。

材料

外皮
糯米粉	100克
澄粉	30克
細地瓜粉	30克
熟地瓜泥	120克
全蛋液	30克
熱水（約80℃）	30cc
生黑（白）芝麻	30克

內餡
豆沙餡	100克
炸油	適量

做法

1. 糯米粉、澄粉、地瓜粉，加地瓜泥及熱水30cc，混勻搓揉成糰。

2. 粉糰均分成8小粒（每粒約35克）。

3. 豆沙餡均分成8小粒（可先放冷凍冰硬）。

4. 每個小粉糰再搓圓，食指沾水捏出凹槽。

5. 裝入豆沙餡，收口捏緊。

6. 外層沾滾上蛋液。

7. 表面沾上芝麻。

8. 鍋中放油加熱至約70℃，將芝麻球放在炸濾上，慢慢加溫，炸至脹大即可。

小秘訣

1. 如果包芝麻餡也可以，雖較好吃，但易爆餡，炸油也會很快髒。

2. 裹芝麻的方法，亦可外層不沾蛋液，用手沾水搓粘表面再沾芝麻，但芝麻較易脫落。

3. 純細地瓜粉不易買，可用太白粉代替。

4. 炸的過程中，用炸濾壓搓芝麻球，如此炸好的成品較不易縮。

5. 作法類似炸元宵，只是元宵的皮是全糯米粉做的。如要炸第二鍋，油溫必須先降溫。

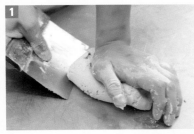

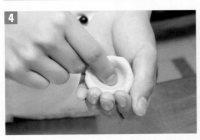

桂花糕

根據中國醫書上的記載，桂花性溫、味辛辣、無毒，可化痰生津、健脾、利腎且有美顏功效。桂花樹長年皆綠，而桂花開花最盛期是夏季，桂花用途很廣（花、果、葉、根皆可入藥），可泡桂花茶、作桂花香皂、入菜及做甜點。這是江浙菜系的美食甜點，也是以前第一夫人宋美齡女士最愛的甜點之一。

糯米粉	200克	器具	
玉米粉	50克	玻璃紙	1/4張
蓮藕粉	50克	30×27×5公分小蒸模一個	
糖	90～110克		
桂花醬	70克		
沙拉油	1大匙		
水	900cc		

事前處理

將玻璃紙放入蒸模內鋪好備用。

小秘訣

1. 蓮藕粉可用樹薯粉或細地瓜粉代替。
2. 蒸模鋪玻璃紙時，蒸模須噴濕，以防玻璃紙滑動。
3. 蒸好後表面刷油可防風乾結皮。
4. 亦可煎食或裹粉炸食（同炸年糕）。
5. 可冰後涼食，如要熱食時，回蒸火力不宜太大（會坍塌），小火蒸軟即可。

做法

1 將三種粉放入鋼盆中。

2 加入1/2的水調勻，成為粉漿。

3 另外1/2水燒開，加入糖煮溶，轉小火。

4 鍋中加入桂花醬及沙拉油。

5 把桂花糖水沖入粉漿中調勻。

6 將粉漿倒入鋪好玻璃紙（或抹油）的小蒸模內。

7 放入蒸籠以大火蒸35分鐘。

8 取出放涼，在表面上刷油，即可切塊食用。

蒟蒻抹茶紅豆糕

抹茶多由日本進口，顏色鮮綠，價格昂貴，可以綠茶粉代替。綠茶能預防高血壓、糖尿病、癌症；它抗氧化的性質，可消除黑斑、皺紋、雀斑、皮膚乾裂，同時有減肥的作用，專家建議一天喝2～3杯。

糯米粉	100克	沙拉油	1大匙
太白粉	100克	水	1200～1400cc
在來粉	150克	蜜紅豆	300~400克
綠茶餡	300克		
抹茶粉	15克	**器具**	
細砂糖	150克	30×45×5公分深蒸模　1個	
純蒟蒻粉	10克	耐熱保鮮膜或40×55公分 錫箔紙　　　　　　　1片	

做法

1. 糯米粉、太白粉、在來粉放入鋼盆中混勻備用。
2. 取1/2的水和綠茶餡、抹茶粉、細砂糖一起用果汁機打勻備用。
3. 另外1/2的水加蒟蒻粉泡脹。
4. 蒟蒻粉泡脹後倒入做法1的混合粉中調勻。
5. 再將做法2果汁機打勻的綠茶糖水加入調勻。
6. 以小火將粉漿加熱至稠狀，熄火，加入蜜紅豆、沙拉油混勻。
7. 蒸模內舖耐熱保鮮膜或錫箔紙，把粉漿倒入蒸模內，將表面抹平。
8. 放入蒸籠內，以大火蒸40分鐘後取出。放涼後表面抹油，進冰箱冰涼後即可切塊食用。

小秘訣

1. 純蒟蒻粉如不好取得，可改用蒟蒻果凍粉或不用，或葛鬱金粉70克。
2. 純蒟蒻粉才要先泡脹。若用蒟蒻果凍粉可在三種粉混合時一起加入。
3. 成品不可以冷凍，可放冷藏存放三～五天。

鮮奶綠豆涼糕

鮮奶綠豆涼糕是盛夏清涼好甜點,如要兼顧排毒,可把在來粉改換為紅薏仁粉。主食米飯加一半的紅薏仁、綠豆,常食可有效排毒、常保健康。經常在有毒環境下工作或接觸有毒物質的人,應經常食用綠豆來解毒保健。

材料

蒟蒻凍粉（或吉利T）	50克	細冰糖	140克
在來粉	150克	水	450cc
樹薯粉（或細地瓜粉）	80克	沙拉油	4茶匙
太白粉	70克		
香草粉	1茶匙		
鮮奶	1000cc		
蜜綠豆	300克		

器具

330×45×5公分深蒸模1個
耐熱保鮮膜或40×55公分
錫箔紙1片

做法

1. 所有粉類放入鋼盆中拌勻，先加約1/2的鮮奶，用打蛋器調勻。

2. 再加入剩餘的鮮奶，再調拌勻。

3. 水和冰糖以小火加熱融化，趁熱倒入粉糊中攪拌均勻，移至爐上，以小火慢慢加熱，攪拌至變濃稠即可。

4. 加入沙拉油拌勻。

5. 加入蜜綠豆攪拌均勻。

6. 將耐熱保鮮膜或錫箔紙鋪入蒸模後，粉漿倒入蒸模中，表面抹平。

7. 放入蒸籠中，以大火蒸25分鐘，再轉中火續蒸約15分鐘。

8. 取出放涼後在表面抹油，放進冰箱冰涼，即可切塊食用。

小秘訣

1. 鮮奶不可一次全加入粉中，不易打勻。

2. 如果是香草片，一片就夠。如用香草莢，需加水熬出味。

3. 自己煮蜜綠豆時，綠豆須浸泡約2~3小時，大火煮滾後轉小火，煮至要開花時加入糖（豆：糖是3：2或3：3），糖化後再煮約3分鐘，熄火濾乾。

4. 粉漿加熱時注意不可變得太稠硬，否則表面不易抹平。

5. 成品不可以冷凍，可放冷藏存放三至五天。

日式黑糖糕

蒸好黑糖糕放涼後,可切成有規則的大小塊,也可用剪刀剪成不規則狀,口感很類似娘惹,還可以發揮創意,做成各種不同顏色!

材料

粉漿

糯米粉	100克
蓮藕粉	100克
樹薯粉（或細地瓜粉）	50克
水	150cc

糖水

黑糖	120克
老薑	30克
水	600cc

其他

檸檬皮屑	3～5克
黃豆粉	200克

器具

20×30×5公分深托盤1個
耐高溫30×40公分保鮮膜1張
剪刀

事前處理

1. 老薑拍碎或切片。
2. 黃豆粉炒熱（或烘熟）。

做法

1. 將糯米粉、蓮藕粉、樹薯粉混合，加水150cc調成粉漿。
2. 黑糖、薑加水600cc一起煮滾。
3. 糖融化後撈除薑，倒入粉漿中拌勻。
4. 加入檸檬皮屑拌勻。
5. 開小火加熱，攪拌至濃稠狀。
6. 蒸模內鋪上保鮮膜，把粉漿刮進蒸模內，將表面抹平。
7. 放入蒸籠中，以中大火蒸20分鐘，見膨脹即可取出。
8. 放涼後倒進裝有黃豆粉的盤中，用剪刀剪成塊狀，一面將表面沾粉，即可裝盤。

小秘訣

1. 托盤先噴溼再鋪保鮮膜，保鮮膜才不易滑動。
2. 黃豆粉也可換成花生粉或椰子粉等。

台灣小吃類

艾草粿

艾草又稱「神仙草」，相傳可避邪、防疫、驅蟲。艾草粿（又名艾糍、青團）是中國南方傳統的小吃，也是客家人清明節的必備食物，長江三角洲地區常以豆沙為餡。艾草還有止鼻血、殺菌、美容、鎮靜的功效。

材料

粿漿

糯米粉	240cc
艾草粉	10克（1大匙）
糖	95克
水	240cc

內餡

蘿蔔絲乾	70克
瘦肉絲	100克
蒜苗	1支
開陽（蝦米）	15克
香菇	15克
豬油 40公克（起油鍋用）	

調味料

鹽	2茶匙
香菇粉	2茶匙
糖	2茶匙
胡椒粉	2茶匙
香油	2茶匙

沙拉油	1大匙又1茶匙（醃肉絲及抹外皮各用1/2）
醬油	2茶匙（醃肉絲用）

器具

粽葉	5片

1. 蘿蔔絲乾洗淨，泡軟後擰乾，切或剪數刀，以免蘿蔔絲過長。
2. 瘦肉絲以醬油、1/2沙拉油醃製。
3. 蒜苗洗淨，蒜白切片，蒜青切1公分小段。
4. 開陽和香菇泡軟，香菇切絲。
5. 粽葉洗淨，去頭尾，剪成兩或三段。

小秘訣

1. 火力不宜過大，否則會坍塌。
2. 如住鄉下，過年後到清明前，到處都有鮮艾草蹤影，採摘葉子先煮過，撈起後用棒槌打去葉肉，只取葉脈，所以以前鄉下的艾草粿是淡灰綠色。
3. 艾草粿要好吃，秘訣除了料要炒香外，最重要的是皮要甜、餡要鹹。
4. 糖融解會化成水，水量可斟酌增減。

做法

1. 先製作內餡。起油鍋，將開陽、香菇及蒜白分別置入爆香，再加入肉絲炒到半熟。
2. 再加入蘿蔔絲及鹽、香菇粉、糖、胡椒粉炒勻。
3. 最後加蒜青及香油炒勻，起鍋放涼（過程中視需要加少許水，以免太乾）。
4. 取糯米粉約30克，加水20cc調成糰，放入鍋中煮熟（或蒸熟）。
5. 煮熟的粉糰和剩下粉、水、糖、艾草粉一起拌揉成糰，靜置15分鐘。
6. 粉糰分成10～12個小糰，每小糰約60～70克，大小自己決定，但要一致。
7. 每小糰先搓圓，食指沾水捏成杯狀。
8. 填入約35克餡料，收口捏緊。
9. 在外皮抹上沙拉油。
10. 將艾草粿放在葉子上，以中火蒸10～15分鐘，蒸到一半時須掀蓋一次再蓋上，繼續蒸至熟（脹大即熟）。

芋粿巧

芋粿巧在台灣的觀光景點可見到蹤影，蒸食外也可煎食。芋頭一年四季都可買到，尤以大甲、甲仙兩地的檳榔心粉芋最好，營養成分有醣類、蛋白質、鈣、磷、鐵、胡蘿蔔素、維生素，經高溫烹煮仍可保留大多數的營養成分。

材料

粿漿			調味料			器具	
在來粉	140克		鹽	3/4茶匙		粽葉	5片
糯米粉	210克		香菇粉	3/4茶匙			
水	230cc	A	胡椒粉	1/2茶匙			
芋頭（未去皮）	250克		五香粉	1/4茶匙			
開陽（蝦米）	15克		醬油	1.5茶匙			
沙拉油	2大匙		香油	1.5茶匙			
紅蔥頭	15克						

事前處理

1. 芋頭去皮洗淨，3/4切絲，1/4切1公分方塊。
2. 蝦米泡軟濾乾。
3. 紅蔥頭去外衣，洗淨切片。
4. 棕葉洗淨，擦乾抹油，葉子去頭尾。

小秘訣

1. 若是不希望顏色那麼深，醬油可少放一點或不放。
2. 亦可將芋頭全部切絲，不切芋頭丁。
3. 每個重量可自由增減之。

做法

1. 以1大匙加1茶匙的油起油鍋，將蝦米、紅蔥頭爆香。
2. 加入芋頭絲、芋頭丁及調味料A炒勻，炒至半熟後先將芋頭丁挑出。
3. 加1/3的水煮開。
4. 加入約30克的糯米粉調勻，熄火。
5. 將剩餘的粉（在來粉140克、糯米粉約180克）放入鋼盆或工作檯上，築一粉牆。
6. 將炒好的芋頭絲倒入，再加入香油。
7. 加入剩下的水，將粉與芋頭餡揉成糰，並分成小糰（每個約50克）。
8. 把每個小粉糰搓成長條，彎成半月型，外層抹油，放在月桃葉上。
9. 再嵌上芋頭丁。
10. 大火蒸10分鐘，轉中小火再蒸約5分鐘，見脹大即可（亦可煎食更好吃）。

芋藏粿

台灣寶島四季均出產芋頭，尤以「雙甲芋頭」（台中大甲及高雄甲仙）最為有名。這道地方點心，除了粿漿糰Q軟，芋頭也特別鬆香！好的芋頭切開後表面呈粉白色，其實大甲附近鄉鎮，地緣、氣候、土壤相似，所產芋頭品質也都很好，只因清末民初時期大甲是台灣對外商港，所以順理成章稱「大甲芋頭」。

材料

粿漿

在來粉	150克
蓬萊粉	250克
太白粉	40克
鹽	4克
糖	10克
水	1000cc

內餡

去皮芋頭	300克
碎蘿蔔乾	90克
香菇	15克
開陽（蝦米）	10克
肉絲（或素火腿）	100克
沙拉油	1.5大匙

調味料

A：鹽、香菇粉、糖、胡椒粉　　各2茶匙
B：油、醬油各1/2茶匙，太白粉1茶匙
其他：香油　　2茶匙
　　　醬油　　2茶匙

器具

黃槿葉 10片（月桃葉更好）

事前處理

1. 芋頭洗淨,一半切粗丁(約1～1.2公分),一半切中丁(約0.5～0.7公分)。
2. 碎蘿蔔乾洗淨泡水,換水多次後濾乾。
3. 香菇泡軟濾乾,切丁(或絲);開陽泡軟濾乾。
4. 調味料A混合拌勻。
5. 黃槿葉(或月桃葉)汆燙洗淨,裁剪出適當大小。
6. 肉絲用調味料B醃好。

做法

1. 三種粉加糖、鹽、水320cc拌勻。
2. 將剩餘680cc的水燒開,再加入做法1中,調成稀漿後,移至爐上加熱使其稠化。
3. 起油鍋,將開陽、香菇爆香。
4. 加入碎蘿蔔乾、芋頭、醃好的肉絲炒至半熟,粗芋頭丁挑出備用。
5. 加入調味料A及醬油、香油炒勻。
6. 把粿漿舀至黃槿葉上,稍攤平。
7. 在粿漿上面鋪上適量炒料,邊緣嵌上粗芋頭丁。
8. 蒸鍋水燒開,將粿放入蒸鍋,大火蒸5分鐘後轉中小火,續蒸約6分鐘即可取出。

小秘訣

1. 芋藏粿冷食或熱食皆宜。
2. 黃槿樹葉又叫過路樹葉(類心型葉子,開黃色喇叭花),也可用蒸大包子的紙(烘焙材料行有售)。
3. 軟粉漿填放葉子上不用刻意抹平。
4. 芋頭全切中丁則免去嵌入粗芋頭丁的動作。

菜包粿

菜包粿是客家美食點心之一，另一名稱叫作豬籠粄，因成品的造型似鄉下抓豬仔的籠器而得名。本作品經過改良，內餡不變而皮加顏色及變化造型，曾榮獲2013年贛州世界廚藝大賽團體金獎。

材料

粿漿

糯米粉	150克
澄粉	30克
蓬來粉	150克
糖	30克
紫地瓜泥	80克
豬油（或沙拉油）	20克
水	160～180cc

內餡

乾蘿蔔絲	60克
五花肉絲	75克
香菇	75克
開陽（蝦米）	10克
蒜仁	10克
青蒜苗	1支
豬油（或沙拉油）	3大匙
（爆香炒時用約4/5，1/5抹外皮及葉子用）	
酒漬枸杞子	20餘粒

調味料

A：鹽、香菇粉、糖、胡椒粉	
	各1茶匙
醬油	2茶匙
香油	2茶匙

器具

月桃葉	20片

事前處理

1. 乾蘿蔔絲洗淨切段。
2. 香菇泡軟切絲。
3. 開陽泡軟濾乾。
4. 蒜仁洗淨切末。
5. 青蒜苗洗淨,蒜白切片,蒜青切1公分小段分開放。
6. 月桃葉汆燙、洗淨、修剪成一樣大小。

做法

1 起油鍋,將開陽、香菇、蒜末及蒜白爆香。

2 放入肉絲、醬油及乾蘿蔔絲、調味料A混合炒勻。

3 再加入香油及蒜青拌勻,放涼備用。

4 取糯米粉約30克,加水20cc調成糰,蒸熟(或放入滾水中煮熟)。

5 熟糰混入剩餘的糯米粉、蓬來粉、澄粉、紫地瓜泥、糖、油、剩餘的水,搓揉成糰,靜置15分鐘。

6 粉糰分切小粒(每粒約32克),再將每粒粉糰搓圓。

7 用手指將粉糰捏成杯子狀,填入餡料約15克,收口捏緊。

8 包好的粿糰用湯匙壓出紋路,放在月桃葉上,上端嵌一顆枸杞子。

9 粿糰放入蒸籠中,大火蒸約5分鐘,轉中小火續蒸約4分鐘即可取出,外層需刷油,以防乾皮。

小秘訣

1. 乾蘿蔔絲可改高麗菜乾約75克代替(尤其颱風天菜貴),粿皮也可加入其他天然有色食材。

2. 墊底也可用菜葉或鄉下路邊槿樹葉(開黃色喇叭花)。

3. 冷熱食皆宜,隔天需蒸過(或微波)熱過。

4. 餡料可自行加入其他魚類、肉類。素食者不加開陽、肉絲,爆香改以薑末、芹菜珠,豬油改茶油或沙拉油。

5. 枸杞子用約1茶匙米酒浸漬,顏色才可保持鮮豔,如用水浸漬,顏色會變淡。

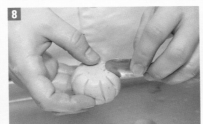

豬籠粄

豬籠粄另一名稱就是菜包粿，因成品的造型很像鄉下豬農抓豬仔用的籠器，因此得名。此項米食也是客家米食點心之一。

材料

外皮

糯米粉	300克
澄粉	100克
蓬萊粉	100克
糖	40克
豬油（或沙拉油）	40克
水	320～350cc

內餡

高麗菜	300克
紅蘿蔔	75克
香菇	15克
開陽（蝦米）	10克
豬油（或沙拉油）	30克
香油	2茶匙

調味料

鹽、香菇粉、糖、胡椒粉	各1.5茶匙

器具

粽葉	5片

事前處理

1. 高麗菜洗淨切絲，紅蘿蔔切絲。
2. 香菇泡軟切絲，開陽泡軟濾乾。
3. 粽葉燙軟洗淨，分切成塊。
4. 調味料混合拌勻。

做法

1. 起油鍋，將開陽、香菇爆香。
2. 放入高麗菜及紅蘿蔔、所有調味料，炒軟，再加香油拌勻，放涼。
3. 取糯米粉約10克、水7cc調成糰，蒸熟或放入滾水中煮熟。
4. 熟糰混入剩餘的糯米粉、蓬萊粉、澄粉、糖、油及剩餘的水，搓揉成糰。
5. 麵糰分成小糰，每粒約70克。
6. 將每粒麵糰搓圓，用手指捏成杯子狀，填入餡料，收口捏緊。
7. 粿糰放到粽葉上，上端捏成背鰭狀。
8. 放入蒸具中，大火蒸約8分鐘，轉中小火續蒸約4分鐘，即可取出，外層需刷油，以防表皮乾硬。

小秘訣

1. 高麗菜可用高麗菜乾或白蘿蔔絲乾約75克代替（尤其颱風天菜貴時），皮可加入天然有色食材。
2. 墊底粽葉也可用菜葉，或鄉下路邊槿樹葉（開黃色喇叭花）。
3. 冷熱食皆宜，隔天需蒸過（或微波）熱過。
4. 餡料可加肉絲。素食者不加開陽、肉絲，爆香則改以薑末、芹菜珠，油改茶油或沙拉油。

鹹、甜米苔目

米苔目源於廣東梅州大埔，原本兩端尖，形似老鼠，因此稱為老鼠粄（客家人稱粉為「粄」）。傳至台灣及馬來西亞，稱米篩目，指製造時把粉糰經篩子洞眼（目）搓出粉條。「篩」閩南語近似「苔」，所以又稱米苔目。老鼠粄傳至香港叫作銀針粉。在台灣20到30年代的農業社會，凡遇稻穀收割日，主事人會在上、下午兩次的休息時間準備米苔目作點心。

材料

米苔目

太白粉（或純地瓜粉）	100克
在來粉	50克
蓬萊粉	150克
冷水	170cc
滾水	80cc

甜湯（冷料）

椰漿	1/2罐
鮮奶	300cc
水	100cc
糖	200克
冰塊	500克
蜜紅豆	120克

鹹湯配料（熱料）

韭菜	120克
香菇	10克
豆芽	100克
蒜仁 10克	（兩粒）
肉絲	100克
沙拉油	1大匙

鹹湯調味料

鹽、香菇粉、胡椒粉	各2茶匙
糖	1茶匙
醬油	2茶匙
香油	1茶匙
水（高湯）	1500cc

器具

壓泥器

傳統米苔目製作的工具，有點類似洗衣板大小的鐵皮框架，於鐵皮上打了很多洞。製作時框架架在滾水的鍋上，再把粉糰用手掌壓進滾水中。這裏是用壓泥器壓。購買壓泥器時，不要買塑膠製或太薄的鋼板，太薄一壓手把就彎掉。

事前處理

1.韭菜洗淨，切3公分段。
2.香菇泡軟切絲，豆芽洗淨，蒜仁洗淨切片。
3.肉絲另用醬油、油各1茶匙醃製。

做法

1. 滾水沖入太白粉中，調成糰，再加入在來粉、蓬萊粉及冷水，搓成糰（有點軟趴）。
2. 另燒半鍋水，水滾後，用壓泥器將粉糰垂直按壓入鍋。
3. 煮至米苔目浮起，再煮1分鐘，即可撈起備用。
4. 鹹湯：起油鍋，將蒜片、香菇絲爆香。
5. 加水（高湯）煮滾後，加調味料（香油最後放）及其他配料。
6. 再煮滾（肉絲須熟），熄火。
7. 將米苔目加入湯中，即是鹹米苔目。
8. 甜湯：先把糖加水煮溶，加入椰奶及鮮奶，食用時才在米苔目中舀入糖水、冰塊及蜜紅豆，即是甜米苔目。

小秘訣

1.甜食時撈起的米苔目不宜放進冰水冷卻，會變硬。
2.市售的粉可能是調和粉，成品較硬，可把在來粉改成糯米粉，其餘不變。當然自己磨（打）漿最好，自磨（可用果汁機打）以蓬萊粉1，在來粉2，磨好壓乾，再加入太白粉（或樹薯粉），沖入滾水，調和成漿糰，即可壓製。

鹹湯圓

粿糯類 6人份

早年老上海三六九點心店（位於北市衡陽路，五、六○年代全台首屈一指的點心店，現已不存在）賣的四喜湯糰（圓）就是四種餡料以四種形狀做區別，三種不同甜餡料，另一種就是包鹹的肉餡。以前鄉下有喜事時，必有鹹湯圓可吃（雖不包餡，卻很好吃）。

材料

湯圓

糯米粉	200克
水	140cc

內餡

絞肉	100克
碎蘿蔔乾	25克

湯料

香菇	15克
蒜末	10克
開陽（蝦米）	10克
茼蒿（時蔬）	300克
A菜	200克
韭菜	100克
綠豆芽菜（或青蒜1支）	150克
沙拉油	1大匙
水	2500cc

調味料

A.餡調味料：

鹽、香菇粉、糖、油蔥酥（切碎）、胡椒粉 各1/4茶匙，醬油1/2茶匙，香油1茶匙，酒1/4茶匙，太白粉1/2茶匙

B.湯調味料：

鹽1大匙，糖1/2大匙，胡椒粉 2茶匙，高湯塊1/2塊

其他：香油 1茶匙

説明：自煮高湯參見下頁説明。

150

1. 碎蘿蔔乾浸泡、瀝乾、切細。
2. A菜、韭菜洗淨、切段；綠豆芽菜洗淨。
3. 香菇泡軟切絲，開陽泡軟瀝乾。

自製高湯

材料：豬大骨1付，雞骨架2付，洋蔥1粒，老薑20克，米酒2茶匙，水約3000cc

做法：另外燒半鍋水將豬骨、雞骨汆燙洗淨，洋蔥（青蔥亦可）去外衣洗淨切粗絲，薑洗淨切片。水3000cc以大火燒開後加入處理好的全部的料，再燒開轉中小火，撈去浮在上面的雜質，再轉小火（會滾的程度）續煮約2小時，湯轉稍微白濁即可（如希望湯是清澈的，時間改為1小時）。

做法

1. 切細的碎蘿蔔乾加進絞肉及調味料A拌勻，放入冰箱冷藏。
2. 取水140cc將糯米粉調成糰，再取粉糰約15～20克放滾水中煮熟，混入生粉糰中搓勻成糰。
3. 揉好的粉糰分成小糰，每小糰約25克。
4. 將粉糰捏成凹杯狀，填入適量做法1的餡料，收口捏緊。
5. 起油鍋，將香菇、開陽及蒜末爆香。
6. 加入水2500cc與調味料B煮滾，放入全部的青菜及香油，煮滾即可關火。
7. 做湯圓的同時燒開半鍋水，將湯圓放進煮熟（浮起後約1～2分鐘）。
8. 將熟湯圓撈進做法6的湯中即完成。

小秘訣

1. 做糯米粉糰時，也有不加熟糰的做法，但如此外皮易龜裂，不耐久放，且口感不佳。直接加熱水或滾水則會使外皮粗乾乾的。
2. 燒煮湯時不要用一般的鐵鍋，須用不鏽鋼白鐵鍋，因為一旦加入茼蒿或A菜，湯頭顏色會變黑不好看。
3. 湯圓也可不包餡，用稍大的紅白小湯圓即可。
4. 把碎蘿蔔乾換成已炸酥的干貝絲會更好吃。
5. 熬大骨高湯熄火前約10分鐘加入約1大匙的白醋，以利鈣質釋出。

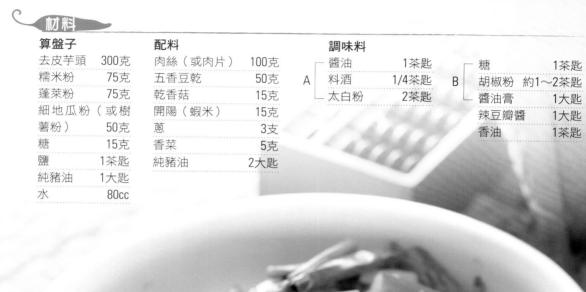

客家算盤子

這是一道客家菜，因粉糬樣子像算盤的子而得名，可當一道菜或當點心吃。算盤子（粿糬）與配料可隨心所欲變換內容與顏色！

材料

算盤子

去皮芋頭	300克
糯米粉	75克
蓬萊粉	75克
細地瓜粉（或樹薯粉）	50克
糖	15克
鹽	1茶匙
純豬油	1大匙
水	80cc

配料

肉絲（或肉片）	100克
五香豆乾	50克
乾香菇	15克
開陽（蝦米）	15克
蔥	3支
香菜	5克
純豬油	2大匙

調味料

A		
醬油	1茶匙
料酒	1/4茶匙
太白粉	2茶匙

B		
糖	1茶匙
胡椒粉	約1～2茶匙
醬油膏	1大匙
辣豆瓣醬	1大匙
香油	1茶匙

1. 芋頭洗淨切片（或丁塊）。
2. 肉絲用調味料A醃漬。
3. 豆乾洗淨切片。
4. 香菇泡軟，擠乾水，切絲。
5. 開陽泡軟（約3分鐘）濾乾。
6. 蔥切3公分段，蔥白與蔥綠分開。

做法

1. 將切好的芋頭蒸熟，趁熱加入其餘算盤子材料，以湯匙拌壓。

2. 稍降溫，搓揉均勻，搓成長條，切小粒（一粒約10克），小粉糰搓圓稍按扁，中間壓凹。

3. 將小粉糰投入燒開的半鍋水中，待全部浮起（約30秒後），即可撈起備用。

4. 起油鍋，依序將開陽、香菇絲、蔥白爆炒香。

5. 加入辣豆瓣醬炒香，再加豆干片及肉絲炒熟。

6. 再加入煮熟撈起的算盤子，及調味料B翻炒均勻。

7. 最後加進蔥綠及香油，以小火拌勻後盛盤，用香菜裝飾即可。

小秘訣

1. 也可加水煮成湯的。加些葉菜或韭菜會較好吃。
2. 粉糰不加糖、鹽、油，細地瓜粉多加些，就是芋圓粉糰（粉量：芋頭1：1）。

鼎邊趖

鼎邊趖（銼）源於福州，流行於福建、台灣，以台南與基隆廟口所製最著名。「趖」為閩南語詞，原義為蠕動，即米漿沿鼎邊翻滾的動作。成形的「趖」風乾後剪成塊狀，搭配蝦仁羹、肉羹等煮成湯，亦可搭配金針菇、魷魚、丁香魚、竹筍等多樣食材。

材料

米皮

在來粉	160克
純細地瓜粉	40克
熟芋頭塊	45克
水	1000cc

配料

去皮五花肉絲	100克
魷魚乾	30克
乾香菇	10克
高麗菜片	120克
銀芽	50克
金針	15克
蔥花	20克
紅蔥頭片	20克
豬油（或沙拉油）	15克

調味料

鹽	1.5茶匙
胡椒粉	1.5茶匙
米酒	1/2茶匙
味醂	1/2茶匙
高湯	2000cc

器具

果汁機
平底不沾鍋

事前處理

1. 魷魚乾泡脹切絲。
2. 乾香菇泡軟切絲。
3. 金針泡脹。

做法

1 在來粉、地瓜粉混勻。

2 果汁機先加芋頭塊，再加水和粉打勻。

3 平底鍋（或一般鍋）抹油熱鍋，轉小火，倒入1杓米漿水，烘至起小泡（分5次）。

4 用筷子翻面，烘煎至兩面熟透，取出。

5 米皮捲起切小段。

6 起油鍋，紅蔥頭爆香後撈起。

7 加入五花肉絲炒半熟（肉油逼出），續加魷魚絲炒香。

8 倒入高湯（或水）、金針、香菇、調味料煮滾。

9 加入米皮、高麗菜煮軟。

10 最後放入銀芽，起鍋前撒上紅蔥頭酥及蔥花，即可盛碗。

小秘訣

1. 純細地瓜粉較難買，可換樹薯粉或太白粉。

2. 高麗菜可換成其他葉菜類。豆芽可用全根不去頭尾。

3. 生紅蔥頭可改現成油蔥酥或蒜酥（可加少許開陽一起爆香）。

4. 也可加配料用炒的。

* 鼎邊趖應有設備本是一大生鐵鍋，鍋底是煮好的配料，煮時趁鍋邊很熱時，將米漿水沿鍋邊淋下，待鍋底配料煮好時，米皮也熟透，再用鍋鏟鏟入湯裏。生意好的商家，米皮與湯底會分開製作，米皮鍋以芋頭沾油抹鍋後淋漿，加蓋約4分鐘取出。

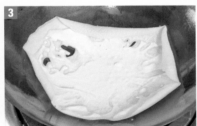

碗粿

漿粉類
8碗

碗粿是很普遍的國民美食餐點,尤其在客家庄的中式早餐店一定吃得到,做法各家有些許不同,口感亦有差異。丙級米食糕漿類糕漿型最新版本的做法與本食譜相同。

156

在來粉	200克	沙拉油（或豬油）	2～3大匙
蓬萊粉	200克		
太白粉（或樹薯粉）	50克	**調味料**	
水	1400cc	鹽、香菇粉、糖	各2茶匙
絞肉	100克	胡椒粉	1茶匙
碎蘿蔔乾	100克	香油	1大匙
開陽（蝦米）	12克		
紅蔥頭（或油蔥酥10克）	20克	**器具**	
乾香菇	12克	一體成形紙碗	8個

事前處理

1. 蘿蔔乾切碎泡水。
2. 蝦米洗淨去鹹份。
3. 香菇泡軟切丁，紅蔥頭切片。
4. 調味料混勻備用。

做法

1. 在來粉、蓬萊粉、太白粉一起混合。
2. 加2/3調味料，再加1/2的水調成漿備用。
3. 起油鍋，加紅蔥頭片爆香，再加開陽、香菇爆香。
4. 加入絞肉、蘿蔔乾炒勻。取出2/3的料作裝飾。
5. 鍋裏剩1/3的料，加入另1/2的水煮滾。
6. 轉小火，倒入做法2的漿水，調成稠漿，熄火。
7. 平均填入8個蒸碗中，然後抹平。
8. 再一一鋪上炒料。
9. 放入蒸鍋中以大火蒸20分鐘即可。

小秘訣

1. 做法很多種，漿裏可不放炒料或不放醬油，粿漿呈白色（放少許鹽即可）。
2. 沾醬可跟芋頭糕或蘿蔔糕沾醬一樣。
3. 碗粿可當點心或正餐吃，當正餐吃時需再配些蔬果以均衡營養。想減肥者可常吃，因為一碗碗粿的粿漿只用不到半碗米飯去完成，熱量很低。

油蔥粿

油蔥粿是一種鄉野餐點，成品切開來要完整不可脫層。此即鹹的九層炊。本
食譜採用米食丙級檢定規定的做法，與九層炊做法相同，自己食用可不用一
層一層加，簡化為將所有粉與調味料和水一起調勻，入鍋開小火加熱，同芋
頭糕或蘿蔔糕的做法，將粿漿調成稍稠，熄火加入油蔥酥拌勻，倒入蒸模，
大火蒸35～40分鐘即可，可省時間與瓦斯。

材料

粿體	
在來米粉	300克
蓬萊米粉	100克
細地瓜粉（太白粉）	50克
水	1200cc
香菇粉	10克
鹽	10克
油蔥酥	25克

沾醬

醬油膏、蒜仁、薑、辣椒、香菇粉、糖　　　　　　各適量

器具

35×25×5公分不鏽鋼蒸模1個（可購買錫箔蒸模）

玻璃紙1/4張（或耐高溫保鮮膜）

做法

1 三種粉和香菇粉、鹽混勻，加水500cc調勻。

2 剩的水700cc煮滾，沖入做法1再調勻。

3 蒸模舖玻璃紙，放進蒸籠，舀入一瓢粉漿（約250cc），灑上少許油蔥酥。

4 大火蒸3～5分鐘，掀蓋，快速再舀入一瓢粉漿，並撒油蔥酥，如此直至粉漿全用完，再續蒸20～25分鐘即可。

5 沾醬材料用果汁機打勻。

6 蒸好的粿放稍涼即可切食。

小秘訣

1. 掀蓋增加一層粉漿時動作要快，太慢的話，切開時會脫層。

2. 沒沾醬不好吃，比例視個人需求增減。

3. 沾醬可和蘿蔔糕沾醬同。比例約是：醬油膏1罐、薑75克、蒜仁120克、辣椒7根、糖20克、香菇粉7克。沾醬用途廣，用不完可裝罐放冷藏（或冷凍）。

客家九層炊

九層炊是傳統地方米食美食之一，有甜有鹹混搭做成的，全部是鹹的就是油蔥粿。成品軟Q類似娘惹糕，有些中式早餐店可品嚐到此道在地美食。

材料

九層炊		淋醬		器具	
在來粉	200克	醬油膏	250克	30×20×5公分深托盤	
純細地瓜粉	70克	薑	30克		1個
樹薯粉	30克	蒜仁	60克	耐熱保鮮膜或30×40	
黑（紅）糖	50克	辣椒	5根	公分玻璃紙	1張
鹽	1/2茶匙	油蔥酥	10克		
水	共910cc	糖	30克		
		香菇粉	10克		

事前處理

薑、蒜仁、辣椒洗淨，晾（擦）乾，辣椒去蒂頭及子。

做法

1 在來粉、地瓜粉、樹薯粉混勻，分成130、170克兩份。

2 130克粉加水100cc及鹽，170克粉加水150cc及糖，各自調成漿。

3 再取300cc水加入放鹽的那一鍋，拌勻成白米漿。剩的水（360cc）加入放糖的那一鍋，拌勻成紅米漿。

4 蒸鍋水滾後，放入舖有保鮮膜的蒸盤，舀入1杓的紅糖米漿（共可舀5次）。

5 大火蒸2～3分鐘後掀蓋，換舀1杓白米漿，再蒸2～3分鐘，換舀入一杓紅米漿。重複交替至全部舀完，再蒸15～20分鐘熄火，取出放涼。

6 淋醬的薑、蒜仁、辣椒、糖、香菇粉放入果汁機打勻，再加醬油膏及油蔥酥，稍打碎即為淋（沾）醬。

7 九層炊切塊盛盤，食用時淋上醬汁即可。

小秘訣

1. 純細地瓜粉較難買，可換樹薯粉或台灣太白粉。
2. 淋醬可隨己意變化，感覺好吃即可。沾醬用途廣，可沾其他食物如蘿蔔糕、油蔥粿。
3. 每次舀漿動作須迅速，否則成品切時會脫層。
4. 九代表數量多，不一定剛好九層，八層或七層亦無妨。
5. 未切放涼時上層需刷油，以防結皮。
6. 趁熱或放冷都好吃，煎食亦可。

花生糯米腸

花生糯米腸是常見於各大夜市的美食之一，本食譜的配方口味，絕對會喚起你對這道夜市小吃的美好記憶，嘗試做看看吧。

材料

糯米腸

圓糯米	600克
熟花生仁	300克
豬腸衣（傳統市場買）	
	2公尺
紅蔥頭	30克
（或油蔥酥20克）	
香菜	15克
水（炒米用）	550cc
沙拉油（或純豬油）2大匙	

清洗豬腸衣

鹽	2大匙
麵粉	約50克
米酒	約200cc
啤酒	約200cc

醬汁

番茄醬	100克
辣椒醬	100克
海山醬	100克

醬油、白醋、香油 各1大匙	
太白粉	30克
水	100cc

調味料

A：鹽1.5茶匙，糖1茶匙，香菇粉1又1/4茶匙，胡椒粉2～3茶匙，五香粉1/4茶匙

其他：醬油1大匙，香油1大匙

器具

竹籤、粗棉線、蒸鍋組灌米腸專用漏斗，或寶特瓶（口端約7公分）

事前處理

1. 清洗豬腸衣：
   a. 將買回的豬腸衣剪成兩（或三）段。
   b. 以鹽和麵粉內外充分搓揉，清洗乾淨。
   c. 再以米酒浸泡約30分鐘後取出，用啤酒內外再搓洗一次。
   d. 用筷子將腸衣翻面，摘除內部油脂，洗淨，把水瀝乾，備用。
2. 紅蔥頭切末（或片），香菜切段。
3. 圓糯米洗淨瀝乾。
4. 將醬汁材料放入鍋中煮成醬汁。

小秘訣

1. 做法有多種。米飯軟硬度取決於戳洞的密度，及炒米時水量的多寡。
2. 成品可冷藏或冷凍，食用時微波或蒸熱。

做法

1. 鍋熱放油，以中小火將紅蔥頭末（或片）爆香。
2. 倒進洗好瀝乾的圓糯米及調味料A，加進醬油，待醬油香氣飄出，小火炒勻。
3. 加入水，以中小火煮約兩分鐘，再加進熟花生仁續煮至水乾（要不斷翻炒，每粒米都要吸到水）。
4. 轉小火（或熄火），再加入香油拌炒勻，起鍋前加入爆香過的紅蔥頭，放稍涼，即可填充。
5. 將處理過的豬腸衣一端用棉線綁緊，另一端套進填灌器，把腸子往灌口推。
6. 再將米飯填壓入腸裏，把米、腸灌完為止。
7. 將糯米腸約10～12公分綁一節（8分滿）
8. 每條糯米腸用竹籤戳些許洞。
9. 蒸鍋用約1/2或1/3鍋水燒半開，放入生米腸煮滾，3～5分鐘後撈起。放入蒸籠，加蓋，大中火續蒸30分鐘，放稍涼。淋上醬汁、撒上香菜段即成。

素花生糯米腸

素食人口越來越多，除了宗教因素外，應是吃健康素者也很普遍，輕食及素食館如雨後春筍般隨處可見，而素食自助餐皆有此道花生糯米腸。

材料

米捲
圓糯米	600克
熟花生仁	300克
腐衣	10張
乾香菇	30克
香菜	15克
生薑末	15克
沙拉油（或花生油）	2大匙
醬油	1大匙

醬汁
醬油	60克
二砂糖	30克
紅辣椒粉	15克
白醋	2大匙
香油	茶匙
太白粉（或樹薯粉）	30克
水	100cc

調味料
A：鹽2茶匙，糖1茶匙稍滿，香菇粉1茶匙，胡椒粉2~3茶匙，五香粉1/4茶匙

其他：香油　　1大匙

器具
蒸鍋組
30×25×3小托盤2個，或大托盤1個

事前處理

1. 圓糯米洗淨瀝乾。
2. 香菇泡軟切粗丁。
3. 香菜切段。
4. 生薑切末。
5. 炒鍋內放1/3鍋水燒開，將圓糯米倒入，以中大火煮2分30秒後熄火（過程須不斷攪動，以防黏鍋），將米撈出濾乾，備用。

小秘訣

1. 醬汁裏的辣椒末可改成辣椒醬。
2. 熟花生仁可買生品自己煮，但時間很長。買回洗淨，浸泡2～4小時，大火煮滾轉小火續煮約10分鐘熄火，燜5～10分鐘，再開火續煮約12分鐘熄火，燜5～10分鐘，軟爛即可。
3. 醬汁亦可以用番茄醬、辣椒醬、醋、香油調煮。
4. 蒸過後用煎的則是另一種風味。

做法

1. 起油鍋，將薑末、香菇丁爆香後轉小火。
2. 從鍋邊倒入醬油，燒出醬油香味。
3. 將半熟的米倒入，加入調味料A和水，放入熟花生仁，拌炒均勻。
4. 最後加入香油拌勻，熄火起鍋。
5. 兩張腐衣鋪成圓形，接縫相疊約3公分，噴少許水。
6. 將米飯堆排放在半張腐衣的中間，排整成一字型（長度約25公分、寬度約6公分）。
7. 用腐衣將米飯包起來，捲摺緊實。
8. 排入刷過油的托盤。放入蒸籠，以半鍋水燒開，大火蒸約30分鐘後取出放稍涼。
9. 將醬汁材料入鍋煮開，再勾芡煮成醬汁。將米捲擺盤（可切約2公分寬斜刀），淋上醬汁，撒上香菜段即可。

飯粒類
7-8個

筒仔米糕

筒仔米糕早期以竹筒當容器，因存放不易，容易發霉，現在都改用不鏽鋼容器。中南部的早餐店或路邊攤，這一道小吃很盛行，配以白蘿蔔排骨酥湯，當作早點或點心，當正餐也行。

材料

		調味料
圓糯米	250克	A：鹽、香菇粉、糖、胡椒粉
長糯米	250克	各2茶匙（約6～7克）
肉絲	150克	B肉絲醃料：沙拉油、醬油、太
紅蔥頭 30克（或油蔥酥 10克）		白粉各2茶匙，料酒1茶匙
乾香菇	10克	其他：醬油2大匙，香油2茶匙
開陽（蝦米）	10克	
水	500cc	**器具**
香菜	適量	筒仔米糕模8個
沙拉油	3～4大匙	

事前處理

1. 香菇泡軟切絲。
2. 蝦米泡軟擰乾。
3. 紅蔥頭切片。
4. 調味料A拌勻。
5. 圓、長糯米快速洗淨瀝乾。
6. 肉絲用調味料B抓勻。

做法

1 鍋熱後轉小火，放油及紅蔥頭片，香味出來及紅蔥頭片有些上色即撈出。

2 放入香菇絲、蝦米炒香。

3 加入肉絲、1/3醬油、1/3調味料A，炒熟（中途須加少許水），取出1/3的炒料備用。

4 鍋中加入圓、長糯米及剩下的調味料A及醬油，炒勻。

5 加水，以中小火煮至水乾，加入香油拌勻，熄火。

6 米糕模抹油。

7 模底放入適量事先撈出的炒料，再填入炒好的米飯至八、九分滿。

8 大火蒸30～35分鐘後，取出，用湯匙將米飯劃開。

9 輕敲底部，倒扣盤上，以香菜裝飾其上，亦可淋甜辣醬。

小秘訣

1. 如不用紅蔥頭爆香，用油蔥酥要等到最後再和香油一起放。
2. 這是考試時最快的做法（中式米食丙級米粒型，加水收乾時火不宜過大，讓米慢慢吸水）。
3. 米浸泡過再乾蒸會更好吃。
4. 可改用豬油代替沙拉油。

國家圖書館出版品預行編目資料

愛上米食：從認識稻米到做出美味米
食料理／何金源著. --初版. -- 新北
市：葉子，2017.06
　　面；　公分. --（銀杏）

ISBN 978-986-6156-23-6（平裝）

1.飯粥 2.食譜

427.35　　　　　　　　　　106008979

Ginkgo

愛上米食——從認識稻米到做出美味米食料理

作　　　者／何金源
協助製作／吳科論、石靖瑋、謝陞耀
出　　　版／葉子出版股份有限公司
發 行 人／葉忠賢
總 編 輯／閻富萍
執行編輯／謝依均
攝　　　影／葉琳喬、劉泳男
封面設計／觀點設計工作室
美術設計／趙美惠

地　　　址／新北市深坑區北深路三段 260 號 8 樓
電　　　話／886-2-8662-6826
傳　　　真／886-2-2664-7633
服務信箱／service@ycrc.com.tw
網　　　址／www.ycrc.com.tw

印　　　刷／威勝彩藝印刷事業有限公司
 I S B N ／978-986-6156-23-6
初版一刷／2017 年 6 月
定　　　價／新台幣 350 元

總 經 銷／揚智文化事業股份有限公司
地　　　址／新北市深坑區北深路三段 260 號 8 樓
電　　　話／886-2-8662-6826
傳　　　真／886-2-2664-7633

揚智文化事業股份有限公司　　收

□□□-□□
地址：　　市縣　　鄉鎮市區　　路街　段　巷　弄　號　樓
姓名：

Leaves
Publishing

 書號 L5125　　書名 愛上米食

葉子出版股份有限公司
讀·者·回·函

感謝您購買本公司出版的書籍。

為了更接近讀者的想法，出版您想閱讀的書籍，在此需要勞駕您
詳細為我們填寫回函，您的一份心力，將使我們更加努力！！

1.姓名：_____

2.性別：□男　□女

3.生日／年齡：西元_____年_____月_____日_____歲

4.教育程度：□高中職以下□專科及大學□碩士□博士以上

5.職業別：□學生□服務業□軍警□公教□資訊□傳播□金融□貿易
　　　　　□製造生產□家管□其他_____

6.購書方式／地點名稱：□書店_____□量販店_____□網路_____□郵購_____
　　　　　　　　　　　□書展_____□其他_____

7.如何得知此出版訊息：□媒體_____□書訊_____□書店_____□其他_____

8.購買原因：□喜歡作者□對書籍內容感興趣□生活或工作需要□其他

9.書籍編排：□專業水準□賞心悅目□設計普通□有待加強

10.書籍封面：□非常出色□平凡普通□毫不起眼

11.E-mail：_____

12.喜歡哪一類型的書籍：_____

13.月收入：□兩萬到三萬□三到四萬□四到五萬□五到十萬以上□十萬以上

14.您認為本書定價：□過高□適當□便宜

15.希望本公司出版哪方面的書籍：_____

16.本公司企劃的書籍分類裡，有哪些書系是您感到興趣的？
　　□忘憂草（身心靈）□愛麗絲（流行時尚）□紫薇（愛情）□三色堇（財經）
　　□銀杏（健康）□風信子（旅遊文學）□向日葵（青少年）

17.您的寶貴意見：
_____

☆填寫完畢後，可直接寄回（免貼郵票）。
　我們將不定期寄發新書資訊，並優先通知您
　其他優惠活動，再次感謝您！！